JN317470

NF

〈数理を愉しむ〉シリーズ

量子コンピュータとは何か

ジョージ・ジョンソン
水谷　淳訳

HAYAKAWA NONFICTION

早川書房

6595

日本語版翻訳権独占
早　川　書　房

©2009 Hayakawa Publishing, Inc.

A SHORTCUT THROUGH TIME

The Path to the Quantum Computer

by

George Johnson

Copyright © 2003 by
George Johnson

Translated by
Jun Mizutani
Published 2009 in Japan by
HAYAKAWA PUBLISHING, INC.
This book is published in Japan by
arrangement with
ALFRED A. KNOPF
a division of RANDOM HOUSE, INC.
through THE ENGLISH AGENCY (JAPAN) LTD.

父ジョセフ・E・ジョンソン博士（一九一七年一一月一六日〜二〇〇一年三月二九日）の思い出に

目次

はしがき　ブラックボックスの中身　9
序章　なぜ量子コンピュータは注目されているのか　19
第1章　そもそもコンピュータとは何か　31
第2章　コンピュータの仕組み　41
第3章　量子の奇妙な振る舞い――「重ね合わせ」と「絡み合い」　58
第4章　コンピュータの限界「因数分解」と量子コンピュータ　83
第5章　難題を解決するショアのアルゴリズム　102
第6章　公開鍵暗号を破る　125
第7章　実現に向けた挑戦　155

第8章　「重ね合わせ状態の崩壊」に立ち向かう　178
第9章　絶対堅牢な暗号「量子暗号」　206
第10章　宇宙一の難問――タンパク質折りたたみ・巡回セールスマン・バグ検証　225
結び　九〇億の神の御名　245
細目――注と出典　253
謝辞　281
訳者あとがき　283
解説／竹内繁樹　287

量子コンピュータとは何か

はしがき　ブラックボックスの中身

「複雑すぎてどんなに賢い人にも理解できないものなど、この世には存在しない」。そう信じるようになったのがいつだったか、私はよく覚えている。一五、六歳のころのある夏の日だった。私は親友のロン・ライトと一緒に、ギター・アンプの仕組みを理解しようと決心した。私たちは冴《さ》えないバンドで六〇年代ロックを演奏していた。後にロンはプロのギタリストとしての道を進んだが、私は次第に自分に音楽の才能がないことを自覚するようになった。野心をいだいた青二才の科学者になってからも、ベース・リフという単純なアルゴリズムを演奏するために和声理論を学んだし、頼まれればベース・ソロもぶちかました（耳の肥えた客の視線は冷たかったが）。しかし私の演奏は、単なる理詰めのやり方にすぎなかった。リズム感もなかったし、魂もこもっていなかった。

ロンの持っていたフェンダー・デラックス・リバーブというアンプの回路図をじっくり調べる方が、楽譜を読むよりずっと面白そうだった。その複雑な青焼きの図が何を意味するのか、そして導線や部品でできた迷宮の中を流れる電気が、どのようにしてギターの弦のわずかな振動を何倍にも増幅し、部屋の壁を揺さぶり、隣人を怒らせ警察を呼ばせることになるのか、それを私は知りたいと思ったのだ。

まだ真空管の時代だった。美しく輝くガラス管が、高性能だが無機質なトランジスターやマイクロチップに置き換わったのは、もっと後のことだった。電子工学はすらすら理解できた。私はすでに電子工学の基礎を、*The Boy's Second Book of Radio and Electronics*（少年向けのラジオと電気の本）や、ボーイスカウトで電気の勲功バッジ（稲妻《いなずま》をつかむ手があしらわれたカラフルなワッペン）をもらうための教科書から学んでいた。たいていの電気回路には抵抗が使われている。これはその名のとおり、電子の流れを弱めて電気に抵抗するものだ。コンデンサー（蓄電器）はその名のとおり、電気を蓄《たくわ》える。固く巻かれた銅線でできたコイルと呼ばれる部品もあり、これはエネルギーを目に見えない電磁場という形で保持する。そして真空管は、何もない空間を怪しく光らせることで信号を増幅する。

この回路図には、樹脂で覆《おお》われたフェンダーの木箱の中で、そうした部品がどのように組み合わされているかが記されていた。あまりにも複雑すぎて、最初は拒絶反応を起こしてしまった。しかし、アルバカーキの公共図書館から借りてきたもう少し詳しい本を読んで私は、自分がまちがった取り組み方をしていたことを知った。回路図を小さな部分部分に分け、そのそれぞれの仕組みを理解し、その後でそれらを組み合わせるというのが正しいやり方だったのだ。

すぐに私は、もともとギターやベースの音だった振動する電気信号が、迷路のように入り組んだ線のどこを通っていくかを、指で追えるようになった。謎の存在だった真空管は、単に梃子《てこ》としての役割を果たしているだけだった。ギターから発生した微小な電圧の変化は、最初の真空管に入って、別のより大きな電圧を制御する。その結果、もとの信号は大きく複製される。それは次の真空管に送られ、再び梃子を押し下げる。初めの振動は徐々に増幅され、スピーカーのコーンを振動させるまでに大きくなる。コーンは空気を振動させ、鼓膜を震わせて聴覚神経を刺激する。ギターのピックアップに相当する神経系によって、この振動は再び電気信号に変換され、脳に届く。

肝心なのはこの原理そのものだ。この連鎖の仕掛けが電気で動いていることは、たいして重要ではない。電気の代わりに水だけを使い、水の振動が管を伝わって機械的なポンプを動かし、それによって振動がどんどん増幅していくような仕掛けを考えることもできるのだ。理屈の上ではそうしたポンプは、ギアと滑車あるいは糸と糸巻きを使って作ることができる。

しかし、そうしたぎこちない仕掛けをあえて使わないのには理由がある。繊細でほとんど重さのない電子を使えば、機械的な仕掛けでは不可能な細かい制御が可能となる。水を使った仕掛けについてあれこれ考えるのは、実際に水で動くギター・アンプを作るためではなく、増幅の仕組みを実際の装置とは切り離して抽象的に理解するためだ。フェンダーのアンプという具体的な装置から一歩退いてみると、その原理は単純かつ奥深いものだということがわかる。私は別に、技術者のような鋭い眼力を使って増幅の仕組みを理解するつもりなどなかった。電気回路の数学的解析をしたいとか、トランスの「ヒステリシス」や真空管の「相互コンダクタンス」といった難解な細かい概念を理解したいなどとも思わなかった。ただ単に、各部品がどんな役割を果たしているかを直感的に知りたかっただけだ。

大学に入るころには、回路の壊れた部分を見つけ、それを直せるまでになった。安物のデラックス・リバーブの出力部に真空管を付け足し、強力で高価なスーパー・リバーブに改造もした。電気に関するおおざっぱな理解だけでそこまでできたことに、私は驚いた。

次に私はテレビに取り組んだ。

これは少々難しかった。しかしすぐに私は、細部を気にせず、大まかな部分だけに興味を集中させればいいことに気がついた。映像回路について詳しく理解する暇もなければ、そのつもりもなかった。いくつかの部品が寄せあつまってできた、発振器《はっしんき》と呼ばれる電気的なバネがリズムを刻み、振動する電気信号を発生させる。その信号は、ブラウン管の根元に巻かれた一対のコイルからなる電磁石に送られる。その結果、振動する電磁場が生じ、これが電子ビームを前後左右に曲げて、蛍光面に映像を作っていく。

ここで、回路図のある部分を線で囲み、その部分をブラックボックスだとして考えてみよう。以後枠の中のことは考えないので、黒く塗りつぶしてしまってもかまわない。この枠の中の回路はある入力に対してある出力を与えるものだ、と決めつけてしまうのだ。後からその覆いを外して回路をより細かく調べてもいいし、さらに後ろに下がって回路をもっと大きな一つの固まりとして捉えてもいい。たいていの人はテレビそのものを、空中から信号を受け取ってそれを魔法のように音声や映像に変える、一つの大きなブラックボックスだと考えている。どんなに複雑な装置でも、さまざまなレベルから抽象化して理解することができる。

そのころ私はまだ、自分がすでにサイエンスライター（対象読者は自分一人だけだが）としての立場で科学の世界に取りくんでいることには、気づいていなかった。分子生物学であれ宇宙論であれ、あるいは年輪年代学（この言葉はブラックボックスのままにしておこう）であれ、理解は徐々に進んでいくものだ。初めは上空から見下ろすパイロットのように、重要でない部分を無視して地形の目立つ特徴だけに注目する。山脈や川の合流点のような面白い場所を見つけたら、高度を下げて詳しく見てみてもかまわない。しかし細部に惑わされて地形全体を見失ってはならない。

この時点ではまだ、得た知識を一般読者にわかりやすく伝える専門家にはなれない。少なくとも初めのうちは読者の一人でしかない。しかし探求を進めるにつれて、より積極的に行動するようになる。インターネットで論文をダウンロードし、その難解な記述を詳しく読み解き、序文や結論からうまい質問を考え出そうとする。そして科学者にEメールや電話で質問を浴びせ、研究室を訪れるようになる。しかし常に彼らとはある一定の距離を置かなければならない。それは読者との暗黙の了解事項だ。決して何か下心があってはならない。目的はあくまでも、門外漢《もんがいかん》である自分が新たな科学の進歩をどう捉えたか、それを数学を使わずに比喩《ひゆ》を用いて、文章の形で一般の人々に伝えることだ。

そうした立場から私は何年もの間、読者と自分自身を相手に、人工知能、記憶に関する神経生物学、素粒子物理学、そして新たな複雑系科学の集中講義を行なってきた。二年前、雑誌《ワイアード》の創刊者ケヴィン・ケリーが、かつてないほど困難なある仕事を私に勧めてきた。量子コンピュータの解説である。私は以前《ニューヨーク・タイムズ》紙に、科学者が目に見えない小さな原子の列を使ってコンピュータを作ろうとしている、という記事を書いた。科学やSFに興味のある人なら、量子力学に関しておおざっぱな知識を持っていることだろう。量子力学によれば、日常の現実にもとづく制約には意味がない。微小な物体は、空間を無視して二点間を飛び移ったり、あるいは同時にいくつもの場所に存在したりできる。量子コンピュータは、こうした抜け道を利用して膨大な数の計算を同時に行ない、今まで解けなかった問題を解くことができる。

ケリーは言った。「人々が欲しているのは、そうした機械がどのように動作するのかを解説した短い（あくまでも短い）本なんだ。量子コンピュータは絵に描いた餅《もち》なのか、あるいはわれわれの知識を根底から変えてしまうのか？」

私は再び行動を開始した。論文を集め、質問を浴びせ、研究室を訪れた。しかし、今まで使ってきたいくつかの手法を、今回は使わないことにした。私は、科学的内容と科学者の人物像とが織り合わさった話を書いたり読んだりするのが好きだが、この本は少し違うふうに作っていこうと考えた。この本では科学的な概念だけで話を進めていく。口を開くたびに髭《ひげ》をなびかせる数学者や、量子コンピュータは無数の計算を別の宇宙で実行していると信じる、夜行性のイギリス人物理学者の幽霊のような風貌《ふうぼう》には、今回は触れないことにした。科学的概念だけに集中すれば、話がすっきりして、終わりまで一気に読めるのではないかと考えたからだ。

科学書の執筆も他の本と変わらず、幻想を紡ぎ出す作業だ。論文や本の山を漁《あさ》り、一つの段落を何度も読み返し、わからない点をEメールで質問するといったつらい知的活動はすべて、読者には気づかれないようにカーテンの裏に隠れて行なわれる。最後に紡ぎ出されるのは、オズの魔法使いのように、生まれながらに頭の中に百科事典を備えそれを瞬時に検索提供できるような、完全無比で全知全能な著者の言葉でなければならない。もちろんそれはまやかしだ。私の本を読んだ友人がこう尋ねてきたことがあった。「ここに書かれてることをあなたは全部知ってるの？　それとも調べないとわからないの？」。知識が苦もなく次から次へと溢れ出て生まれたかのように思えるその本は、実は何度も図書館に通って調べたことを何とかつなぎ合わせたものだというのを聞いて、友人は胸をなで下ろした。彼女は言った。「でも、それはだましてることにならない？」。からかっただけだろうが、自分でも時々そう思うことがある。自分で書いた本の目次に目を通しながら、「いったいプロティノスやアリストテレスについて何を語る必要があったのか」と不思議に思ったりする。

今回は、なるべく読者をだまさないように心がけてみた。この本では、カーテンは透けて見えるものに付け替え、その向こうで考えあぐねる一人の男の姿がぼんやりと見えるようにした。その男は、科学的な概念をあいまいな比喩によって説明しようと奮闘し、よりふさわしい説明を見つけては前の比喩を捨て、捉えどころのない概念に対していろいろな方向から迫り、そして真実のおおざっぱな姿を描き出す。

私はまた、あまり饒舌《じょうぜつ》になりすぎないようにも心がけた。話は量子力学とコンピュータ科学が絡み合いながら進んでいくが、この二つの分野の本筋とは関係のない話の多くは、たとえ興味深いものであっても本文に直接は記さなかった。それらは必要に応じて参照してもらうようにした（より深く知りたい読者は、「細目」と名付けた巻末の注を参照してほしい。この注は、科学書の持つ宿命と限界をなんとか取り繕《つくろ》うことにもなろう）。

そして何よりも読者には、私自身も読者と同じ立場にあることを感じとってほしい。私もまた、新たな概念という滑りやすい岩の上で足場を捜している門外漢なのだ。私を導いてくれたのは、作家アラン・ライトマンが優れたエッセイの書き方について記した文章だった。その文章は優れたノンフィクションの書き方にも通用すると私は思った。「私にとって理想のエッセイとは、効率的かつ理知的にまとめられた宿題の答えではなく、探求、問いかけ、内省だ。私はそうしたエッセイスト[1]に会いたい。理解を得るために考え、頭をひねり、格闘している人物に出会いたい」

序章　なぜ量子コンピュータは注目されているのか

ニューメキシコ州道五〇二号線からは、全米一の絶景を望むことができる。リオグランデ川にかかるオトウィ橋を渡り、二つの切り立った山の間を通り抜けた少し先で、この道はパハリト台地へと向かって急勾配で上っていく。その台地の上にロスアラモス国立研究所はある。第二次大戦中のわずかな時期、この天に近い隔絶した地にいた人々は、世界で最も高密度な人工エネルギーの塊《かたまり》を手にしていた。トリニティ・サイトと呼ばれた砂漠の中の実験場では、二〇キロトンの原子爆弾が砂をガラスへと変えた。

ロスアラモスは今でもアメリカ随一の兵器研究所だが、もはやここでは本物の爆弾は製造されていない。爆弾に関する研究を行なっているだけだ。この高地にある科学者の軍事施設で最も強力な装置は、爆弾ではなく、ブルーマウンテンと呼ばれるスーパーコンピュータである。

研究所の中心部、広さ約一〇〇〇平方メートルの大きな部屋に設置されたブルーマウンテンは、世界で最も強力な計算機だ。あなたの机の上にあるコンピュータには、おそらくプロセッサが一個だけ備わっており、その中では何百万個という小さなスイッチが、一秒間に数百万回オン・オフを繰り返しているはずだ。ブルーマウンテンを構成する三八四台のキャビネットには、そうしたチップがそれぞれ一六個ずつ備わっている。これら計六一四四個のプロセッサは、いっせいに協力して驚くほど複雑なある計算を行なう。核爆発のシミュレーションだ。冷戦が終わり、条約によって大気圏や地中での核実験が禁止されたため、エネルギー省は代わりに核実験を「シリコンチップの中」で行なわせようとしている。ブルーマウンテンの持つ一兆五〇〇〇億バイトのシリコン製メモリチップの中で、核爆発を再現するのだ。

このコンピュータの管理者たちは、その恐るべき性能を自慢げにまくし立てる。何千というプロセッサが約八〇〇キロもの長さの光ファイバーでつながれている。この装置は一・六メガワットの電力と五三〇トンの冷却水を消費する。そしてこの装置は三テラフロップスのコンピュータと呼ばれる。一秒間に三兆回の演算を処理するという意味だ。手先の器用な人が少し練習すれば、電卓を使って2×2の計算を二、三秒のうちに行なうことができる。仮に何とか一秒以内にキーを叩けるようになったとしよう。一世紀は約三〇億秒だ。したがってブルーマウンテンが一秒で行なう計算をあなたがやると、一〇〇〇世紀かかる。現代から一〇〇〇世紀遡《さかのぼ》ると、ホモ・サピエンスが登場しはじめた洪積世《こうせきせい》中期の終わりになる。

一九九八年にブルーマウンテンが設置された当時、ロスアラモスの兵器専門家たちはその威力に圧倒された。しかしすぐに彼らは、それがいらいらするほど遅いことに気づきはじめた。去年は最新型だったパソコンを使わされている人と同じ気持ちだ。核爆発の途中の一〇〇万分の一秒だけを再現する計算を行なおうとしたところ、膨大なデータを四カ月かけて処理しなければならなかったのだ。実際の爆発を再現するには、はるかに強力なコンピュータが必要だろう。

研究所は最近ブルーマウンテンの近くで、二万八〇〇〇平方メートルの広さの三階建てビルに収容されるコンピュータの仕上げに取り掛かった。従来の五倍の速度で動作するプロセッサをブルーマウンテンの二倍近くの数だけ備えたこの装置は、三〇テラフロップスで動作する。このコンピュータは、単に「Q」と名付けられた。この名前はさまざまなものを連想させる。Qは、『新スター・トレック』に登場する次元を飛び越える宇宙人の名前であり、凝ったスパイ道具をジェームズ・ボンドに提供する人物の名前でもある。このスーパーコンピュータのハードウェアを作った「コンパック」(Compaq)の最後の文字もQであり、政府の機密の最高レベルもQクリアランスと呼ばれる。七メガワットを消費し、冷却塔から熱を排出するこの「計算工場」は、電卓の達人が一〇〇万年かけて行なう計算をたった一秒で処理できる。

Qが収容されるフロアは、ブルーマウンテンの四倍、四〇〇〇平方メートルもの床面積がある。当初はその半分の面積で足りるはずだった。しかし、何年も後に一〇〇テラフロップスや一五〇テラフロップスのコンピュータに拡張することを考えると、予備の場所が必要だ。建物の中心部をびっしりと取り囲んで並ぶ研究室の中では、大勢の研究者がQの能力に思いを巡らせることだろう。最終的に彼らは、シミュレートした核爆発のスローモーションを巨大な全周スクリーン上に見ることとなる。キノコ雲の内側からだ。(1)

コンピュータセンターから少し離れたところに、最近まで掘削機や金属カッターなどの作業機械が耳障《ざわ》りな音を立てていた場所がある。ここで二人の若き物理学者マニー・ニルとレイモンド・ラフラムが、もっとひっそりとスーパーコンピュータの実現に取り組んでいる。二人は、研究所のはずれに建つ茶色の漆喰《しっくい》塗りのありふれた建物の中で、小さすぎて顕微鏡でさえ見ることのできないコンピュータを設計している。一〇個ほどの原子がつながった一個の分子だ。

おおざっぱに言えば、原子は回転するコマだと考えることができる。原子が時計回りに自転しているか反時計回りに自転しているかによって、コンピュータの共通言語である二進数（ビット）の0と1を表現できる。分子を強力な磁場の中に置き、高周波の電磁波を使って原子の向きを反転させることで、この短いビット列を操作し、単純な計算を行なうことができるのだ。二人は最近、分子中の七個の原子をそろばんの珠《たま》として使い、いわゆる量子コンピュータを作ることに成功した。次の目標は、使う原子を一〇個に増やすことだ。

インテルのペンティアム4プロセッサに四〇〇〇万個のスイッチが含まれていることを考えれば、一〇個というのはあまりにささいな数に思える。しかしスイッチが原子の大きさにまで小さくなると、スイッチは量子力学に支配されるようになる。

この文の意味するところを説明するのが、本書の最終目的だ。しかし今の段階でも、とりあえずおおざっぱなことなら説明できる。原子の中の微小な空間では、現実（人間の立場から見て）に対する通常の規則は通用しない。われわれの常識に反して、一個の粒子は同時に二ヵ所に存在できる。従来のコンピュータに使われているスイッチはオンかオフか（1か0か）のどちらかの状態しか取れないが、量子スイッチは不思議なことに同時に1と0の両方の状態を取れるのだ。理解できなくても落ち込まないでほしい。物理学者たちもわれわれと同様頭を抱えている。自然界とはそういうものなのだ。

　この量子的あいまいさは、混乱をもたらすどころかかえって役に立つ。それがなぜかを理解するために、このドッペルゲンガーのような性質を持つ量子スイッチを二つ組み合わせてみよう[2]。従来のスイッチが二つあれば、四種類の状態のうちどれか一つを取ることができる。どちらもオフなら00、どちらもオンなら11となり、それぞれが違う状態を取れば01や10となる。しかし量子の世界では、二者択一の原理は成り立たない。一個の量子スイッチは同時に二つの状態を取れるので、二個の量子スイッチは同時に四つの状態00, 01, 10, 11を取ることができる。スイッチが三つあれば、000, 001, 010, 011, 100, 101, 110, 111という八つの状態を同時に取ることができる。

　ここに量子を使う強みがある。1と0の状態を取る従来のスイッチが三個あれば、これら八つの状態のどれか一つを記憶でき、0から7までの数字のうちの一つを二進数で表すことができる。一方量子スイッチが三個あれば、それぞれが1と0の両方の状態を取れるので、全体では八つの数字すべてを同時に記憶できるのだ。信じがたいが真実だ。この奇妙な現象を使えば、少なくとも小さな場所に膨大な情報を詰め込むことができる。

しかしそれは量子コンピュータの持つ可能性の一端にすぎない。この三量子ビットを、たとえば二で割ったり平方根を取ったりといった計算の、入力として使うことを考えてみよう。この量子列は同時に八つの数字を表現できるので、同時に八つの計算を処理できるはずだ。

具体的にどうすればこうした手品のような芸当ができるのか、それはまだ考える必要はない。データを表す原子の列がブラックボックスを通過するのだと考えてほしい。入っていくのは処理すべきすべての数を表現した原子列で、出てくるのはすべての結果を表現した原子列だ。③

原子が四つあったらどうなるだろうか？　原子を一個付け加えるごとに、記憶して処理できるパターンの数は倍になる。四個の原子は一六のパターン、五個の原子は三二のパターンを表現でき、その先、六四、一二八、二五六と増えていく。原子が一〇個なら、パターンの数は二の一〇乗、つまり一〇二四となる。今、一から一〇〇〇までのすべての整数の平方根を知りたいとしよう。一から一〇〇〇までのすべての数を一〇個の原子に記憶させ、一回だけ計算を行なえば、ただちに一〇〇〇個の答えが得られるというわけだ。まだ誰もこのような芸当には成功していないが、それを妨《さまた》げるような物理法則は何もない。

原子を一三個使えば、同時に二の一三乗、つまり八一九二通りの計算を行なうことができる。この時点でブルーマウンテンの六一四四個を超えてしまう。新たな三〇テラフロップスの巨大コンピュータに打ち勝つには、もう一個だけ原子を追加すればいい。同時に行なえる計算の数は、一万六三八四通りとなる。これが量子コンピュータの威力だ。これこそが、Qと呼ばれるにふさわしい装置なのかもしれない。

この「大きなQ」と「小さなQ」との比較は、あまり正確とは言えない。分子コンピュータの中の一三個の原子は、データを一三ビット単位で処理できる。しかし新たなスーパーコンピュータは、同時に六四ビットを処理できる。そこで原子の数をもっと増やして、六四個にしてみよう。するとこのコンピュータは、二の六四乗、すなわち一八四四京《けい》六七四四兆七三七億九五五万一六一六通りの計算を同時に処理できるようになる。膨大な数だ。

ロスアラモスのスーパーコンピュータがこれに太刀打ちするには、数百京個のプロセッサが要る。そして単純計算では、三兆平方キロの敷地が必要となる。地球だけではまにあわない。地球の表面積はたった五億平方キロだ。目に見えない六四ビットの量子コンピュータに匹敵するスーパーコンピュータを作るには、すべての海を人工の土地で敷き詰めたとしても、地球五〇〇〇個分の土地が必要になる。[4]

それが、たった一個の分子ですむというのだ。

コンピュータ科学の分野ではかなり昔から、「不可能」という言葉の代わりに、いくぶんやわらかな「困難」という言葉が使われている。三目《もく》並べのプログラムを組めば、コンピュータは必ず勝つことができる（対戦者が賢ければ引き分けになることもある）。ゲームの各ステップでコンピュータは、すべての可能なゲームの展開を調べ、最も有利な手を選び出す。まちがいを起こすことはない。同じことをチェスでやるのも、確かに不可能ではない。しかし入り組んだゲームの展開をすべて調べつくすには、たとえブルーマウンテンを使っても計りしれない時間がかかる。この問題を解くのは、どんなデジタルコンピュータを使っても困難なのだ（それでも、コンピュータは人間よりはるかに多くのゲームの展開をすばやく検討できるので、人間には勝つことができる。必ずしもゲームの可能な展開をすべて調べつくす必要はない）。

大きな数の因数分解は、困難な問題だと考えられている。答えにたどり着くまで、2×2, 2×3, 2×4……と一つずつ調べていかなければならないからだ。小さな数なら簡単だ。しかし数百桁《けた》の数となると、時間も場所も足りない。思いもよらない数学的大発見でもないかぎり、数百桁の数を因数分解するには、世界最速のスーパーコンピュータを使っても何十億年とかかる。(5)この困難さに対しては、スーパーコンピュータがどんどん速くなっていってもほとんど無意味だ。政府や企業は、この事実をよりどころにして機密情報を守っている。大きな数を因数分解する困難さを、暗号に応用しているのだ。

量子コンピュータがこの状況を大きく変えるかもしれないことを知って、暗号学者は衝撃を受けた。ここ数年で数学者たちは、因数分解に関しては量子コンピュータが、従来の(素粒子の奇妙な振る舞いを利用しない)どんなスーパーコンピュータよりもはるかに強力となりうることを証明した。また、計算のスピードアップはそれほど劇的ではないものの、量子コンピュータは膨大な情報をこれまでにない速度で検索することもできる。原子、電子、光子といった量子的物体は同時に複数の状態を取れるので、従来の機械的、電子的部品を使うよりも多くの計算を、同時に処理できるのだ。

量子コンピュータが完成すれば、長年の間解ける望みのなかった問題が一挙に解決する。自然界の基本的な力を活用して、物質ではなく数字をいじり回せばどうなるか? 知識が爆発的に増大するはずだ。量子コンピュータが従来のコンピュータに取って代われば、火が原子力に置き換わったほどの影響があるだろう。

マンハッタン計画に参加した物理学者が、ロスアラモスで苦心の末に原子爆弾を開発してから、半世紀が過ぎた。原爆の開発は、十分な頭脳と資金を一ヵ所に集中させれば

（良かれ悪しかれ）何事でも成しとげられるということを実証した。現在アメリカ政府は、ロスアラモスで行なわれているたぐいの研究に年間数千万ドルもの予算をつぎ込もうとしている。ささやかな研究分野がたちまち大規模になるはずだ。国家にとって暗号が破られることは、国境侵犯と同様厄介な問題だ。新たなコンピュータの可能性は、チャンスであると同時に脅威にもなっている。

コロラド州ボールダーにある米国立標準技術研究所（NIST）の研究施設では、電荷を帯びた原子を磁場で捕まえ、それを微小なコンピュータのスイッチとして利用しようとしている。このスイッチはオンかオフかのどちらかにできるだけでなく、同時にオンとオフの両方にもできる。また、光子を量子データに使おうとしている研究者もいる。量子コンピュータに関する研究は、カリフォルニア工科大学、マサチューセッツ工科大学、カリフォルニア大学バークレー校、スタンフォード大学、ミシガン大学、南カリフォルニア大学など、多くの大学で行なわれている。アメリカ以外では、オックスフォード大学が研究の中心地だ。企業に目を向けると、IBM、ルーセント、マイクロソフトが、素粒子を使ったコンピュータの可能性を研究している。一九四〇年代の核物理学と同様、理論物理学の目立たない一分野が、突然舞台の中央に躍《おど》り出たのだ。

そうした便利な機械はいつ完成するのか、誰もが知りたいはずだ。すでに実験室の中では、量子コンピュータの基本的アイデアの正しさが実証されている。現在困難だとされている問題を解くための装置を作るには、もっと大規模に量子計算を行なえるようにしなければならない。現在のように一〇個程度ではなく、もっとたくさんの原子を操作する必要がある。

楽天的な人たちに言わせれば、現在の量子コンピュータ研究を核物理学に喩《たと》えると、実験室で核分裂が発見された一九三〇年代末に相当するという。その数年後にはトリニティで核実験が行なわれ、まもなくして原子力発電所が稼働しはじめた。量子コンピュータが実用化されるのにも、少なくともその程度の時間は必要だと考えられている。しかし小さな進歩が積み重なるたびに、実現の可能性はどんどんふくらんでいる。われわれ傍観者にとってこのような新たなコンピュータの進歩は、今世紀で最も魅力的かつ重要な科学ドラマになるだろう。その劇場のチケットは、コンピュータと量子力学に関する基本的概念、そして疑わしいこともとりあえず受け入れる意志だけだ。

第1章　そもそもコンピュータとは何か

ジェニアックの電脳マシン組立キットの広告を初めて見たのがどこだったかは覚えていないが、これはぜひクリスマスに買ってもらわなければと思ったのは、よく覚えている。一九六〇年代初めのことだった。科学少年だった私は、「考える機械」という突飛なアイデアに夢中だった。インターナショナル・ビジネス・マシーンズ（IBM）社やユニバック社やレミントン・ランド社の作った巨大電子装置について記した、《ライフ》誌の写真記事や《サタデー・イブニング・ポスト》紙の記事を、私は読み漁った。回転する磁気テープや無数の点滅するライトには、宇宙旅行の話題と同じくらい興奮を覚えた。愛読書は、『トム・スイフトの冒険』と『宿題引き受けコンピュータ』だった。この二冊は、機械が人間的思考をするという不気味なファンタジーの代表作だ。そんなある日、《ボーイズ・ライフ》誌だったか《ポピュラー・サイエンス》誌だったかの愛読誌をめくっていた私は、ある信じられないほど思わせぶりな広告を見つけた。

「この機械より速く、君は思考できるか？」

挑発的な宣伝文句の下には、ジェニアックの写真があった。傾斜したパネルには、六つの大きなダイアルと一〇個のランプが並んでいた。この謎の箱には、いったいどんな回路が隠されているのだろうか？

「ジェニアック、世界初の電脳マシン組立キット。機能――三目並べ、暗号の作成と解読、二進数から一〇進数への変換、三段論法、加減乗除《かげんじょうじょ》……。君よりも素早く問題を解くことのできる装置を、四〇〇個以上の特製部品から組み立てられます[1]」。これが、ニューヨーク州ニューヨーク市第一六区レキシントン街一二六番地オリバー・ガーフィールド社の売り文句だった。アルバカーキの田舎で育った少年にとって、フランケンシュタインの実験室のようなこの会社は、はるか遠くの別世界だった。

「今すぐジェニアックのご注文を。わずか一九ドル九五セント。商品到着後二週間以内に返品をご希望なら、代金全額と送料をお返しします」

だめでもともとだった。私は両親の説得を始めた。ジェニアックの他には何もいらない、と言って頼み込んだ。そして私は待った。少年ならではの大きな期待で、頭はいっ

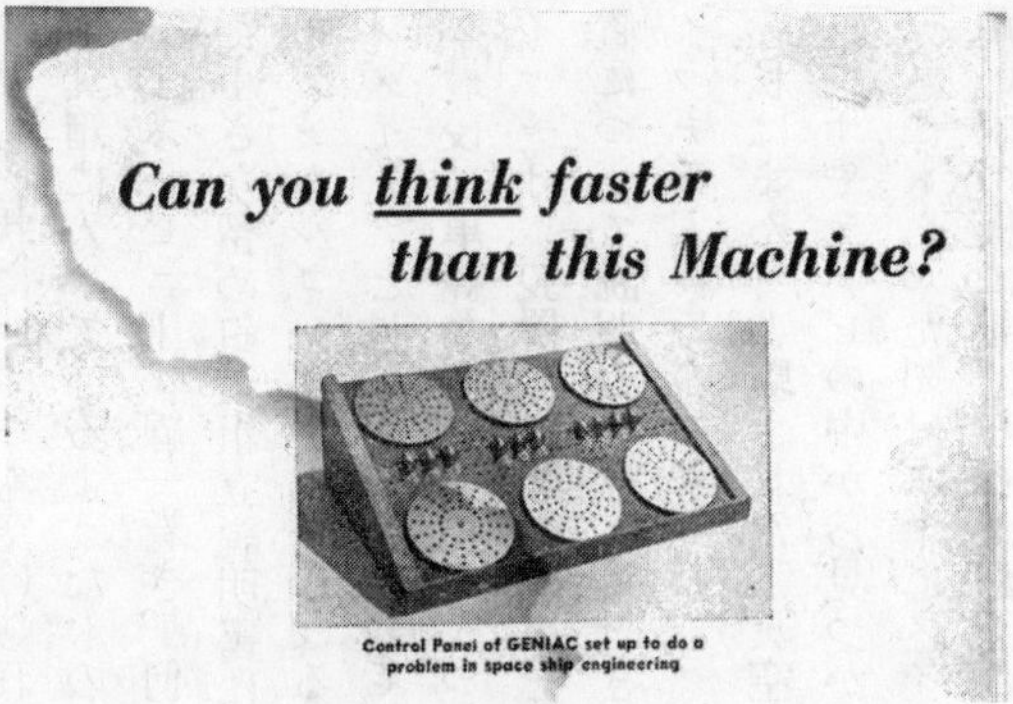
Can you *think* faster than this Machine?
Control Panel of GENIAC set up to do a problem in space ship engineering

図 1-1　究極のクリスマスプレゼント、箱の中の頭脳。

ぱいだった。

クリスマスの朝、私は床の上に座ってどきどきしながらプレゼントを待った。目を大きく見開いて、電子コンピュータが顔を出すのを見逃すまいとした。ついにツリーの後ろから、それらしき箱が現れた。私は包装紙を破った。

何十年もたった今でも、その段ボール箱の中身にどんなにがっかりしたか、私ははっきり覚えている。確かに、「シンプルな電脳マシンの作り方」という説明書のタイトルには、かなりわくわくさせられた。しかし入っていたありふれた部品から、どうしてそんな大層な装置を作れるというのか？

部品の山を引っ掻きまわした私は、このキットの部品のほとんどがメゾナイトというただの合板でできていることを知った。大きな四角い板と六枚の小さな円盤に、細かい穴が同心円状にいくつも空けられていた。その他の部品は、台所の引き出しやガレージの工具箱に入っているようなものばかりだった。ランプとソケットが一〇個、電池と電池ケース、ビニール線一巻き、何十個ものナット、ボルト、ワッシャー、真鍮メッキされた小さな留《と》め釘《くぎ》（組立説明書には「ジャンパ」と記されていた）、そしてこのがらくたをデジタルコンピュータになるであろう機械へと組み立てるための、六角レンチ「スピンタイト」とねじ回しが入っていた。

最後に単純なスイッチが入っていた。説明書では大げさに説明されていた。「このスイッチは、装置に劇的な効果をもたせるためのものです。すべての部品をセットし、装置について説明し、そしてどきどきしながら待ち構えた観客の目の前で、おもむろにスイッチを入れるのです」

私はまんまと騙《だま》された。真空管やトランジスターやコンデンサーや抵抗など、壊れたラジオやテレビの中から見つかるような部品は、一つも入っていなかった。私がクリスマスにもらったのは、単にスイッチとランプをつなげたくだらない装置だったのだ。四角い木の板に開けられたたくさんの穴にボルトとナットを取り付け、それらを板の裏側から導線でつなげる。小さな金属製のジャンパは、円盤の穴に通して端を折り曲げて固定する。他のボルトとワッシャーを使って円盤をパネルに取り付けると、円盤の回転に応じてジャンパがボルトの頭に触れ、ランプが付いたり消えたりする。スイッチ以外の何物でもない。小さな子供でも理解できる単純な装置だ。

一九五五年に書かれたこの説明書をしぶしぶめくっていった私は、そこに電気の不思議をわかりやすく説明した文章を見つけた。「電池はポンプです。電気の小さな粒である電子を、プラス極からマイナス極へと押し出すのです。……電子の流れ、それが電流です」

説明書には次に、さまざまな質問に答えるための装置を、回路やスイッチを使って組み立てる方法が書かれていた。質問とは次のようなものだ。

1 どちらが好み？ (a) マリリン・モンロー (b) リベラーチェ（米国のピアニストでエンターテイナー。一九一九－八七）

2 針穴に糸を通すには？ (a) 湿らせる (b) タップを使う[2]

3 休日はどうやって過ごす？ (a) 五番街で買い物 (b) 森でハンティング

全部で六つある質問にあなたがどう答えるか（六個の回転式スイッチをそれぞれaに

合わせるかbに合わせるか）に応じて、電気は二つのランプのどちらか一方（MかFか）に流れる。このマシンは、「男女判定装置」となるのだ。アイゼンハワー時代の古臭い道徳観を忘れてしまえば、科学的には何の意味もない。質問を書いた紙を貼り替えるだけで、あなたが体育会系か文化系（六〇年代の「おたく」）かを判定する装置にもなる。「雨の日はどうして過ごす？　（a）ラジオを作る（b）ジムでトレーニング」。当たるかどうかは人それぞれだ。

説明書をめくっていくと、もう少し面白そうな使い方が出てきた。スイッチをうまくつなぐと、数の足し算をする装置ができあがるのだ。パネルの裏の導線を正しくつなげば、ダイアルAを一つめの数字に、ダイアルBを二つめの数字に合わせたときに、正解の数字の書かれたランプが光るようになる（どこかでつなぎまちがえたけれど、もう配線し直すのはごめんだという人は、ランプの数字を書き換えればいい）。

配線を別の形につなげば、引き算や掛け算もできる。説明書の二五ページには、「推論マシン」の作り方が書かれている。スイッチAを「戦闘機のパイロットはすべて、爆撃機のパイロットだ」、スイッチBを「爆撃機のパイロットは誰も、ジェット機のパイロットではない」とすれば、「戦闘機のパイロットは誰も、ジェット機のパイロットではない」というランプが点《つ》く。証明終わり。これぞ三段論法だ（論理的には正しいが真

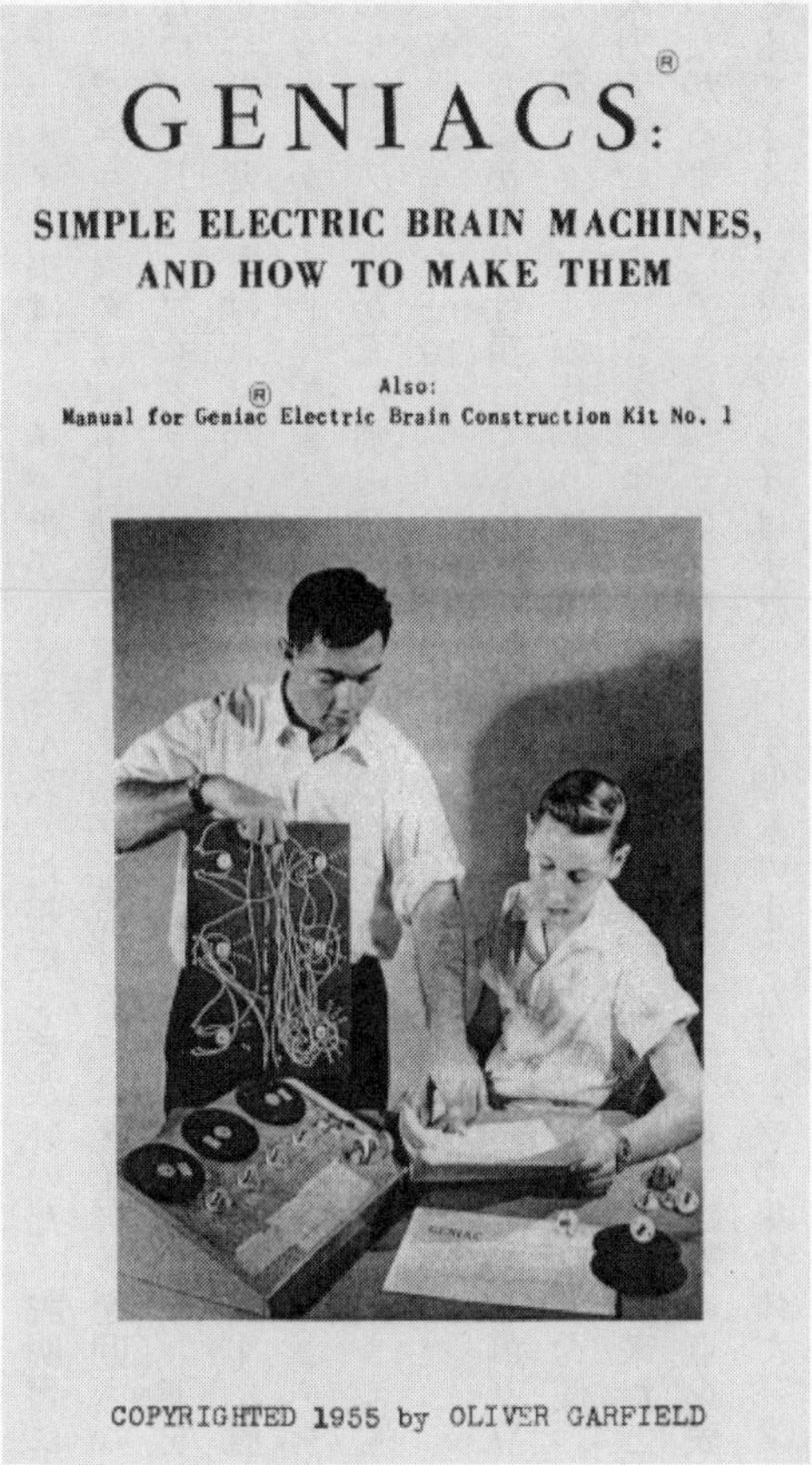

GENIACS®:

SIMPLE ELECTRIC BRAIN MACHINES, AND HOW TO MAKE THEM

Also:
Manual for Geniac® Electric Brain Construction Kit No. 1

COPYRIGHTED 1955 by OLIVER GARFIELD

図 1-2　考える機械の作り方。

実ではない)。

まさに拍子抜けだった。私が事の本質を理解しはじめたのは、何年も後のことだった。コンピュータは実は、スイッチがたくさん入った箱にすぎないのだ。説明書にあったように、ジェニアックは「半自動式」だ。ランプを点けるにはダイアルを回さなければならない。そして「プログラミング」し直すには、「スピンタイト」でナットを外し、導線をつなぎ変えなければならない。しかし仮に、ランプを小さなモーターに置き替えたらどうなるか。正しく配線すれば、モーターが別のジェニアックのスイッチを操作し、そのジェニアックがまた別のジェニアックのダイアルを回す、というふうにもできるはずだ。

どんなに複雑な仕掛けでも作ることができる。ジェニアックをもっと飾り立て、不格好な木製のダイアルの代わりに、規則的に穴の開いたカードや紙テープを使ってデータを入力することもできる。金属製の指で点字を読むようにすれば、穴が来たときに回路がつながるようにできる。ランプを点《とも》す代わりに、ディスプレイに光の点を表示させることもできる。ディスプレイは実は、何千個もの小さなランプの集合体だ。

現代のコンピュータでは、機械部品はシリコンチップの表面に刻まれた何百万個もの微小なトランジスターに置きかわっている。そしてデータは、回転するディスク上に目には見えない磁気のスポットとして記憶されている。しかし基本的概念は一緒だ。

私のジェニアックの部品は、今ではほとんど残っていない。最近押し入れを探していたら、古い電子部品のがらくたの入った箱が出てきた。半分だけ壊したラジオや真空管時代の遺物の上に、古いダイアルが三つ乗っていた。そのうち二つには、黒インクで「候補A：人気」「候補A：選挙運動」と書いたテープが貼ってあった。どうやら私は、選挙結果を予想する装置を作ろうとしていたようだ。

しかし説明書は見つけられなかった。説明書（と広告）から引用し、昔の記憶を呼び起こすことができたのは、インターネットを使って数分もかからずに情報を見つけられたからだ（さらに私は、オークション・サイトのイーベイに出品されているジェニアックを見つけた。最低落札額は四〇〇ドル、もとの価格の二〇倍だった）。私は今でも、インターネットという網の目の中をデータが流れる速さに目を丸くしている。確かにインターネットはきわめて複雑だ。しかしつまるところ、単にたくさんのジェニアックが互いにおしゃべりをし、互いのダイアルを回しているだけだというのがわかれば、少しは気が楽になるはずだ。(3)

『シンプルな電脳マシンの作り方』の三七ページには、最も興味をそそられることが書いてあった。三目並べをするジェニアックの作り方だ。しかし何年も後に読み返した私は、この説明書で一番肝心なのは、三ページ目に書かれた一見なんでもない文章だということを悟った。「このキットは、ジェニアックを簡単で安上がりに作るためのものです。しかし、このキットが絶対必要だということはありません。他の材料を使ってジェニアックを作ろうとしている人たちもいます」

これこそが最も大事な教訓だった。問題なのは、装置の素材ではなくその「構造」だ。コンピュータの概念を本質まで凝縮すれば、それを必ずしも電子部品で作る必要はなくなる。ティンカートイという木製のおもちゃを使っても作れるのだ。

第2章　コンピュータの仕組み

　ボストン科学博物館のロビーに置かれたアクリルガラスの箱の中に、ある非常に的を射た考え方を表現した奇妙な展示物がある。その考え方とは、コンピュータの能力は、トランジスターやマイクロチップ、真空管や木製の歯車、滑車や糸といった部品そのものの性質ではなく、そうした部品がどのように組み合わされているかという基本設計《アーキテクチャー》から生じる、というものだ。マッキントッシュG4のケースを外すと、中の電子部品はまるで未来都市を上空から眺めたかのように見える。郊外のオフィスビルを思わせるずんぐりした黒い物体の間を、銅でできた道が電子を運んでいる。そのコンピュータチップを何倍にも拡大すると、それ自体が小さな都市のように見える。その中では何十億という微小な構造物が、何百万分の一センチという太さの導線で結ばれている。現代の人々

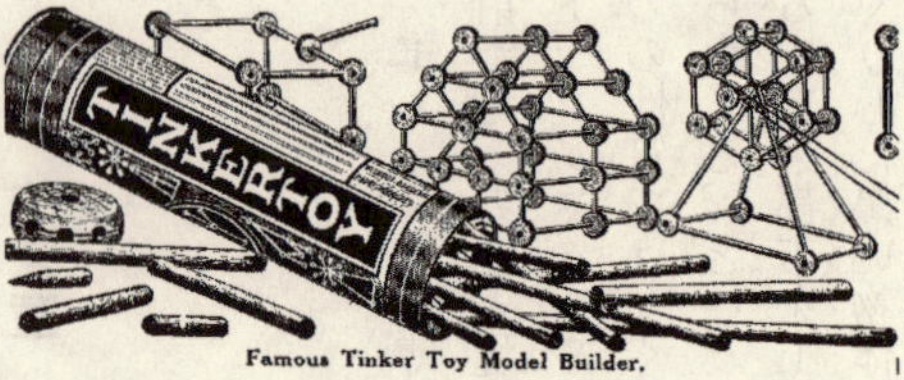

図 2-1　ティンカートイ、20 世紀初期の広告。

はこうした光景をよく知っていて、逆に飛行機から見た郊外の景色の方をチップの並びに喩えるものだ。[1]

この地図のような複雑さが、コンピュータの持つ本質であるように思える。しかし、マッキントッシュやデルやコンパックの最新コンピュータ、あるいはブルーマウンテンやQのようなスーパーコンピュータも、見た目はまったく違うもの、スタジアムいっぱいに並べたジェニアックや、ボストン博物館に展示されているようなティンカートイでできた不格好な装置と、原理的にはまったく同じことしかできないのだ。

一九七〇年代半ば、あるコンピュータ科学専攻の学生たち(後にシンキング・マシンズ社を設立するダニエル・ヒリスもその一員だった)は、一〇〇セット以上の巨大ティンカートイ・セットをかき集め、何千個という木製の軸と糸巻きからちょっとした三目並べを行なうコンピュータを組み立てた。[2]

コンピュータ理論に関する初歩の高校教科書を開くと、二

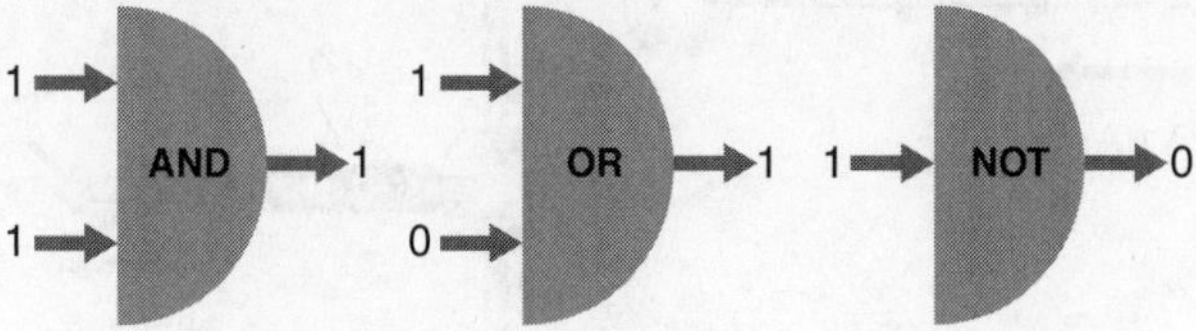

図2-2　AND、OR、NOT：コンピュータの基本要素。

つのきわめて単純な原理を知ることができる。チェスの駒の動きから動画まであらゆる種類のデータは、1と0というたった二つの記号の列に変換できる。そしてそのデータは、ゲートと呼ばれる単純なスイッチが行なう、AND、OR、NOTという簡単な基本操作によって制御できる。

「ANDゲート」の二つの入力に1という信号がくると、このゲートは1（YES）を出力する。そしてそれ以外の場合には0（NO）を出力する。つまり〝A and B〟ということだ。「ORゲート」はもっと懐《ふところ》が広く、AとBのどちらかに1が入力されれば、1を出力する。「NOTゲート」は入力を反転するだけだ。つまり1が入力されると0を出力し、0が入力されると1を出力する。こうした基本部品を何百万個とつなぎ合わせれば、デジタルな連鎖反応を引き起こすことができる。単語や数や画像や音声やチェス盤上の位置を表す1と0の列が、パチンコ玉のように回路の中を跳ね回る。こうしてコンピュータは作動するのだ。

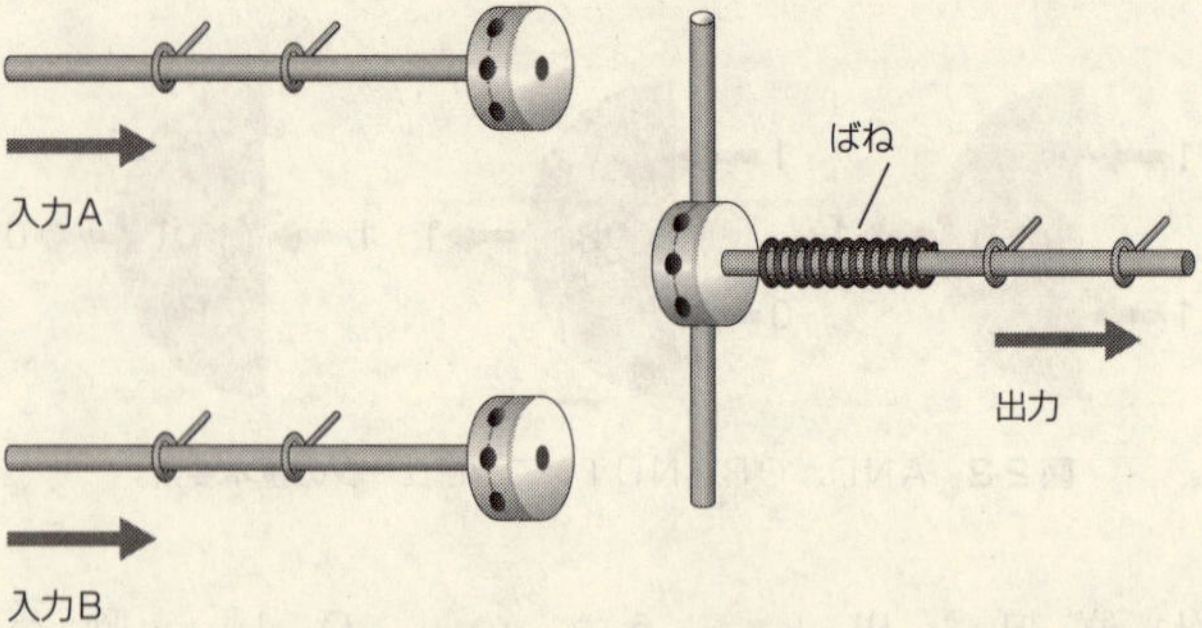

図2-3　ティンカートイ製のORゲート。

こうした単純な動作を、ジェニアックのように普通のスイッチと導線で実現するのは簡単だ。ANDゲートの場合、二つのスイッチを直列につなぎ、両方がオンになったときだけ電流が流れてランプが点くようにすればいい。ORゲートの場合、スイッチを並列に並べ、どちらかがオンになれば回路がつながるようにすればいい。しかし電気的にゲートを実現することに深い意味はない。マサチューセッツ工科大学（MIT）の学生たちは、子供用ティンカートイの棒と歯車を使って、これらのゲートを作ることに挑戦した。

ティンカートイでできたORゲートがあったとしよう（図2-3）。AとBという入力用の軸のどちらかが右側に押し込まれると、出力用の軸が動く。NOTゲートやANDゲートもティンカートイで作れる。MITの学生たちは、こうしたゲートを何百

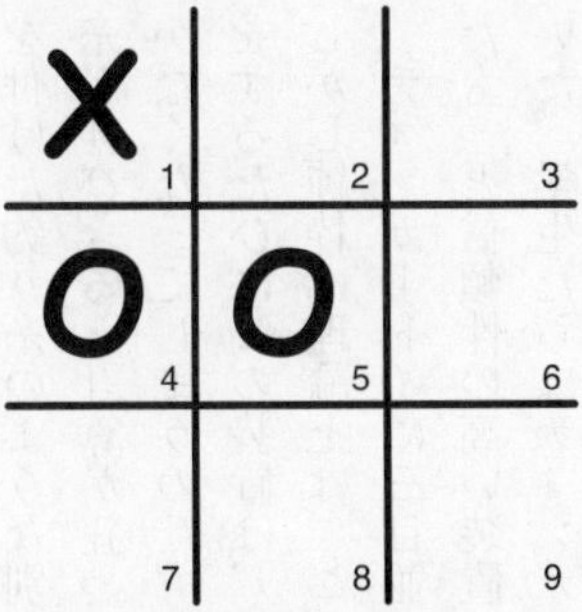

図2-4　三目並べ。

個もつなげて、対戦相手のどんな手にも対処できる複雑な機械仕掛けを組み立てた。木製の部品がカタカタと動いて情報を処理し、最後に最良な手を導き出すのだ。

三目並べは、二進数という二者択一の言語にたやすく記号化できる。ゲームの各段階では、ゲーム盤はそれぞれ異なる状態にある。縦横に並んだ九個のマス目はそれぞれ、×か○か空白のいずれかになっている。学生たちは三目並べについて調べ、各状況に応じた最良の手を表にした。対戦相手の人間を○として、今図２‐４のような盤面だったとしよう。コンピュータは当然、真ん中の列の右端に×を書かないと負けになってしまう。

おおざっぱに考えて、ティンカートイのゲートを組み合わせ、１と０の代わりに×と○を操作すれば、この状況を処理できるはずだ。まず九個のマス目に左上から番号を振る。もし4番のマス目と5番のマス目に○が付いていれば、6番のマス目に×を書く。木製の軸が正しく動いていくのを想像できるだろうか？

学生たちは最適な手の表を見ながら、ティンカートイの「回路」を組み立てた。ANDとORをつなげ、一方の出力棒がもう一方の入力棒を動かすようにするには、おもりを付けた釣り糸のような別の部品が必要だった。そしてそれがこの装置の弱点となった。糸が伸びきると計算が狂ってしまう。×と○とで違う位置にくるべき部品が、うまく動かなくなってしまうのだ。しかしこの装置の基本設計には何も問題はなかった。ゲームをするたびにこの装置は、勝つか、引き分けに持ち込むか、あるいは動かなくなった。しかし純粋に理論上は、この装置は絶対に負けないはずだ。

ティンカートイに三目並べをやらせる方法は、一通りだけではない。その後に作られたもっと信頼性の高い装置（分解されて久しいが）では、まったく違う方法が使われていた。学生たちはティンカートイを巧みに組み合わせ、各状況に対する最良な手を記した表を物理的に作り上げた。この新たなシステムでは、九個のマス目の状態はそれぞれ三つの数字で表現されていた。一個の1と二個の0だ。100はこのマス目に×が書かれていることを、010は○が書かれていることを、そして001は空白であることを表していた。さきほどの盤面は、次のように記号化される。

100　001　001　010　010　001　001　001　001

×　　　　　○　○

つまり1番のマス目に×が、4番と5番のマス目に○があって、他は空白ということだ。

普通のコンピュータの場合、こうした数字の列はハードディスク上の小さな磁石の列として記憶される。磁気のスポットがあれば1で、スポットがなければ0だ。MITの学生たちはその代わりに、ティンカートイの棒と糸巻きから作った「記録軸」を使った。その場所に糸巻きがあるかどうかによって、マス目が空白か×か○かを表現したのだ。学生たちは頭をひねり、すべての配置の盤面をたった四八個の軸で表現できるようにした。木製のデータベースだ。

盤面の配置をセットすれば、装置を作動させる準備が整う。対戦相手の人間がマス目に印を付けるたびに、「入力棒」の上の糸巻きを正しく動かし、盤の新たな状態を装置に入力する。各糸巻きにはかぎ爪が取り付けられている。この機械的なかぎ爪がティンカートイ製のデータベースをなぞり、どこに引っかかるかを調べていく。入力棒のパタ

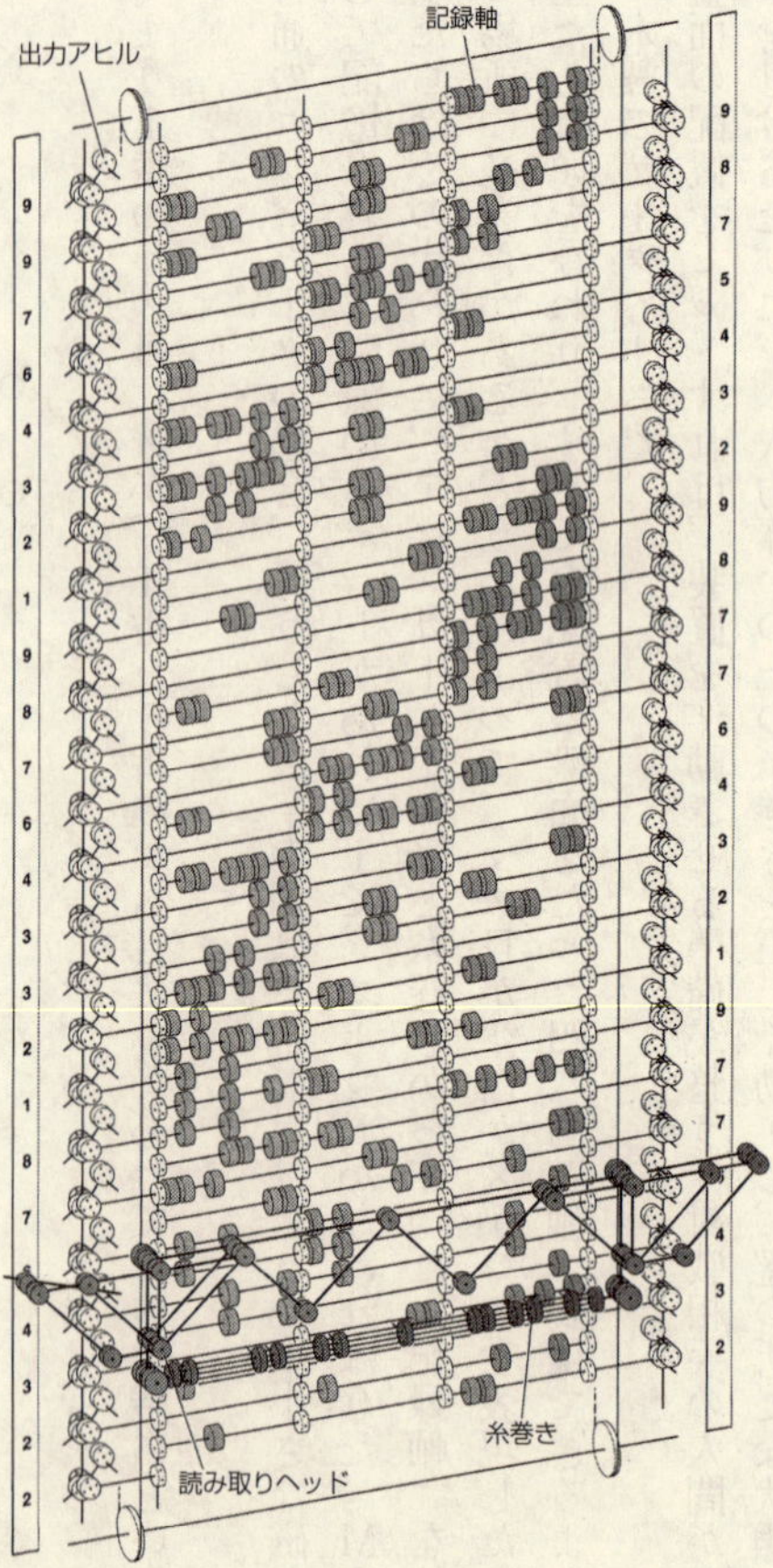

図2-5　三目並べ用のデータベース（《サイエンティフィック・アメリカン》誌、ハンク・アイケンの記事より）。

ーンがどれか一つの記録軸のパターンと一致すると、入力棒は回転する。すると「アヒル」と名付けられた出力部分が頭をもたげ、印を付けるべきマス目の番号を突っつく（図２‐５）。

どちらのティンカートイ製コンピュータも、同じ原理を利用している。その原理とは、情報は二種類の状態を取りうるどんなものを使っても表現できる、というものだ。オン・オフするスイッチでも、位置が切り替わるティンカートイでもかまわない。

三目並べの代わりに、数を表すデータを操作して足し算や引き算を行なうこともできる。そのためには、二本の指を使って数を数える方法を学ばなければならない。ビットと呼ばれる二進数の0と1を使って、すべての数を表現するのだ。

二進数の計算にはすぐに慣れるはずだ。車の走行距離計を思い浮かべてほしい。0から9までの一〇個の数字が書かれた円筒が並んでいる。一番右にある円筒が0から9まで進んで一回転すると、その左側の円筒が1のところまで回転する。これは、10という単位が一個あるという意味だ。その次は「11」となる。10が一個と1が一個だ。次は「12」で、10が一個と1が二個。10が一〇回記録されて10の円筒が一回転すると、100の単位の円筒が1を記録し、同じことが繰り返される。「227」という数字は、100が二個と10が二個と1が七個ということだ。

図2-6　車のダッシュボードに付いている10進数の距離計。

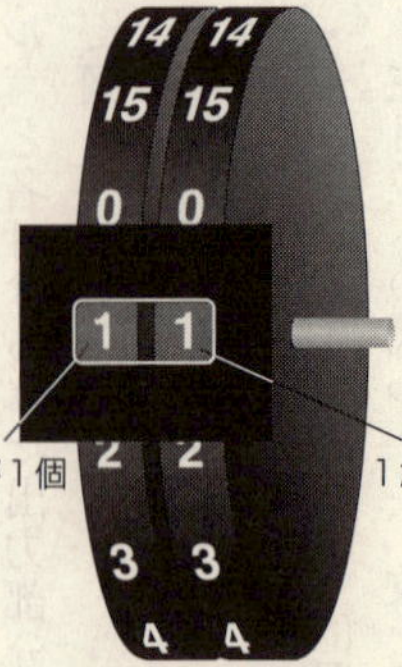

図2-7　各歯車に数字を6つ追加した16進数の距離計。

円筒の上に書かれる数字の個数は、いくつでもかまわない。三個や八個や一六個でもかまわないのだ。たとえば、最初の円筒が一六回進んで一回転すると、次の円筒が1になる（この見慣れないシステムでは、「11」とは17のことを意味する。16が一個と1が一個ということだ。図2－7）。

最も単純なシステムは、0と1という二つだけの数字を使うものだ。このシステムでは、“0”はそのまま0を表し、“1”は1を表す。しかしここで数字は使いつくされてしまう。最初の円筒が二回進むと、次の円筒が1になる。したがって、“10”は2が一個と1がゼロ個で2を意味し、“11”は2が一個と1が一個で、3を

図2-8　2進数の距離計。それぞれの歯車（カード）には、1と0の2つの数字しか書かれていない。

意味する。

同じように4は、4が一個と2がゼロ個と1がゼロ個で100となる。指を一〇本持つわれわれ人間が5と呼ぶ数は、101となる。4が一個と2がゼロ個と1が一個だ。さらに、6は110、7は111と表現される。その先は、8（1000）、9（1001）、10（1010）、11（1011）、12（1100）、13（1101）、14（1110）、15（1111）となる。右から左に読むと、13は1が一個と2がゼロ個と4が一個と8が一個だ。ティンカートイでは図2-9のようになる。

どんな数字でも棒と糸巻きを使って記号化でき、技術さえあればANDやORやNOTゲートを使って加減乗除を行なうことができる。ひどく回りくどい漫画のようなこの回路が、具体的にどんな形をしているのかを理解しようとしても、あまり意味はない。重要なのは、このアイデアの単純さをかみしめることだ。

今度はティンカートイ製のスペルチェッカーを考えてみ

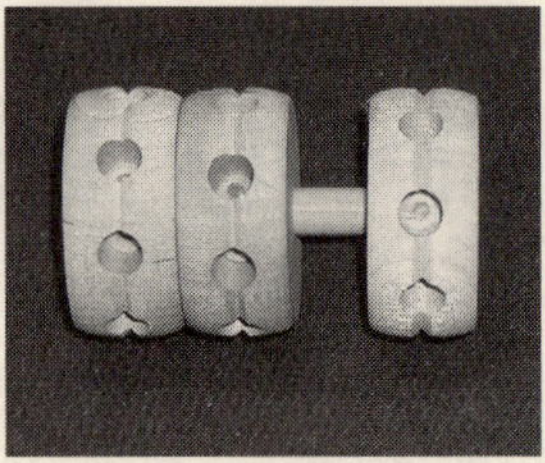

図 2-9　ティンカートイで表現した13。

よう。それにはアルファベットの各文字を、1と0、つまり軸の上の糸巻きのパターンを使って表現すればいい。スペルチェックを行なう装置は、ティンカートイと、正しいスペルを記号化した巨大な木製の（記録軸からなる）データベースを使って作ることができる。ティンカートイが大量にあれば、この方法で文章全体を処理できる。ティンカートイが文章の中を動き回り、単語を挿入したり削除したりするのだ。アルファベットの文字と同様に音階や色も、数字で表現してビット列に変換できる。何光年もの長さのティンカートイの軸が動画を符号化している様子を、想像してみてほしい。
　そうした非現実的な大きさの装置は、頭の中で想像するしかない（あるいはコンピュータでシミュレートするしかない）。しかし先ほどの教訓どおり、どんなに複雑なコンピュータも、1と0という二つの状態を取りうる小さな物体の集合体でできている。そしてそうした物体を相互作用させることによって、方程式や小説や交響曲や絵画や映画など、どんな情報でも記憶し処理できるのだ。

二進数の美しさは、それが最も単純だからだ。ティンカートイ製コンピュータを、おなじみの十進数を使って作ることも可能だ。その場合、各糸巻き（あるいは情報を記号化するもの）は、一〇種類の状態を取りうるものでなければならない。しかしそのような正確な仕掛けを作ろうとすると、たとえば２と３を、あるいは８と９を取り違えるといった誤りが起こる危険性が大きくなる。「ある」と「なし」、「ここ」と「そこ」、「1」と「0」といったシステムより単純なものを考えつくだろうか？　ビットが少しずれて、０のつもりが0.021、あるいは１のつもりが1.043となっても、自動的に最も近い正しい位置に戻すことができる（この「論理復元」と呼ばれる機能が、最初のティンカートイ・マシンにはなかった。中途半端な場所にある糸巻きを、バネや輪ゴムを使ってもとに戻す機能が必要だったのだ）。

二進数を使えば、音楽をデジタル録音して、それをコンパクト・ディスク上の微小な穴のあるなしとして記録し、それをＣＤプレーヤーのレーザーで読み取り、最後に電圧の高い状態を１、電圧の低い状態を０とした電気信号に変換することができる。あるいは、コンピュータとモデムを使ってデータを音の高低に変換し、電話線を通してそれを送ることもできるし、インターネットを使って音楽を別のコンピュータに「アップロード」し、ディスク上の磁気の有無としてそれを保存することもできる。そしてさらにそこからダウンロードとアップロードを繰り返すこともできる。1を1として、0を0として認識できるかぎり、何度コピーしてもオリジナルとまったく同じものが得られる。デジタルコンピュータは決定論的でなければならない。どんな入力も予測可能な出力を導くということだ。足すべき数やソートすべき単語をビット列として回路に送ると、ゲートがカチカチと動き、反対側から答えが出力される。何度やっても、結果は常に同じでなければならない。もちろんそのためには、各部品が確実に0か1のどちらかだけを取るようになっている必要がある。

改良版のティンカートイ製コンピュータも、実際にはあまり高い信頼性で作動させることはできなかった。ビットを木製の糸巻きでなく電子で表現すれば、もっと柔軟に処理させられる。そしてもっと大きな回路も、小さな空間に詰め込むことができる。初期のコンピュータでは、電磁石によって機械的スイッチをカチカチとオン・オフさせる、電気リレーという部品を使ってビットを表現していた。リレーの腕が回路をつなげたり切ったりして別の電磁石を作動させ、それによって装置の中をビット列が流れるようになっていたのだ。まもなくリレーは真空管に取って代わられた。

今日使われているスイッチは、静かでかつ何千倍も速く動作する。シリコンでできた小さなトランジスターは、二つの状態を取ることができる。電子を通すオン状態と、電子の流れを遮《さえぎ》るオフ状態だ。初期のトランジスターは、消しゴムくらいの大きさの金属ケースに入っており、一方の端から三本の足が出ていた。電流は一本の足から入っても う一本の足から出てくる。残った真ん中の足には、電流をオン・オフさせるための信号が入る。

こうした部品がハンダ付けによって何十個とつなぎ合わされて、電子回路が作られていた。後に技術者たちは、一つの板の上に何個ものトランジスターを刻みつける方法を開発した。トランジスターの数は初めは一〇個程度だったが、徐々に一〇〇個、一〇〇〇個と増えていった。まもなくして一個のチップ上に、何百万個というトランジスターと総延長何キロにもなる微小な導線を詰め込めるようになった。技術の進歩に伴《ともな》って、回路の密度は年々増加していった。その恩恵は部品の小型化だけではない。スイッチ間の距離が短くなれば、それだけ情報は速く伝わり、計算速度が向上する。

それとともに、装置はどんどん柔軟性を持つようになっていった。プログラミングできるようになったということだ。ティンカートイ製のコンピュータは、ある一つの仕事をこなすように組み立てられた専用の装置だ。棒や糸巻きに別の仕事をさせようとしたら、装置を一度分解して、組み立て直さなければならない。初期の電気式コンピュータでは、ケーブルを別のソケットに差し込んでリレーをつなぎ変えることにより、さまざまな仕事をさせていた。昔の電話交換台のようなものだ。どこにプラグを差すかという指示は、ルーズリーフや針金で綴じたノートに記されていた。これが最初のコンピュータプログラム、最も単純なソフトウェアだった。

必ずしも手でプラグを差し替える必要はないと技術者が気づいたとき、コンピュータはさらにもう一段進歩した。あるパターンで穴を空けた紙カードやテープを装置に入れ、自動的に回路をオン・オフさせられるようにしたのだ。入力させるビット列には、処理すべきデータだけでなく、そのデータをどう処理すればいいか、つまり、正しい作業をさせるには小さなスイッチをどのようにつなげばいいか、という指示も含められるようにした。

現代のパソコンの場合、デスクトップのアイコンをダブルクリックすれば、ディスクドライブから一連のデータを気軽に呼び出すことができる。そのビット列は、何千という微小スイッチを、ワープロやインターネット・ブラウザーやMP3プレーヤーといった小さな仮想機械として、一時的に機能させるためのものだ。こうした仮想機械は、必要なときだけ存在させることができる。仕事が終われば機械を消去し、1と0からできた別の機械を呼び出すのだ。

どうしてそのようなことができるのか、時々信じられなくなる。ウィンドウに映画の予告編を表示させたまま、それをデスクトップ上でドラッグすることができる。そのとき、コンピュータの中に隠された電子回路を何百万というビットが駆けめぐる。画面の裏で繰り広げられる正確な協同作業を頭の中で想像するのは、たいへん難しい。しかしそれも突き詰めれば、すべてが1と0のつながり、微小なスイッチのオン・オフでしかない。目に見えない微小なティンカートイなのだ。

第3章　量子の奇妙な振る舞い――「重ね合わせ」と「絡み合い」

ムーアの法則と呼ばれる有名な格言によれば、一つのチップ上の部品数は約二年ごとに倍になるという(1)。今世紀初めに登場したペンティアム4プロセッサには、一秒間に一〇億回以上オン・オフを静かに繰り返す微小スイッチが、何百万個も入っている。しかしまだ小型化の余地は残されている。いくら小さいとはいえ、一個のスイッチは何十億個もの原子からできている。今後もムーアの法則が成り立ちつづけるとしたら、理論的にはたった一個の原子からなるスイッチにたどり着くはずだ。

顕微鏡でも見えないような部品が詰め込まれたチップは、想像を絶するものとなるだろう。しかしこの大きさになると、もっと根本的な問題が生じてくる。量子力学が姿を現しはじめるのだ。『スター・トレック』を見ていた人なら、それがどういう意味なの

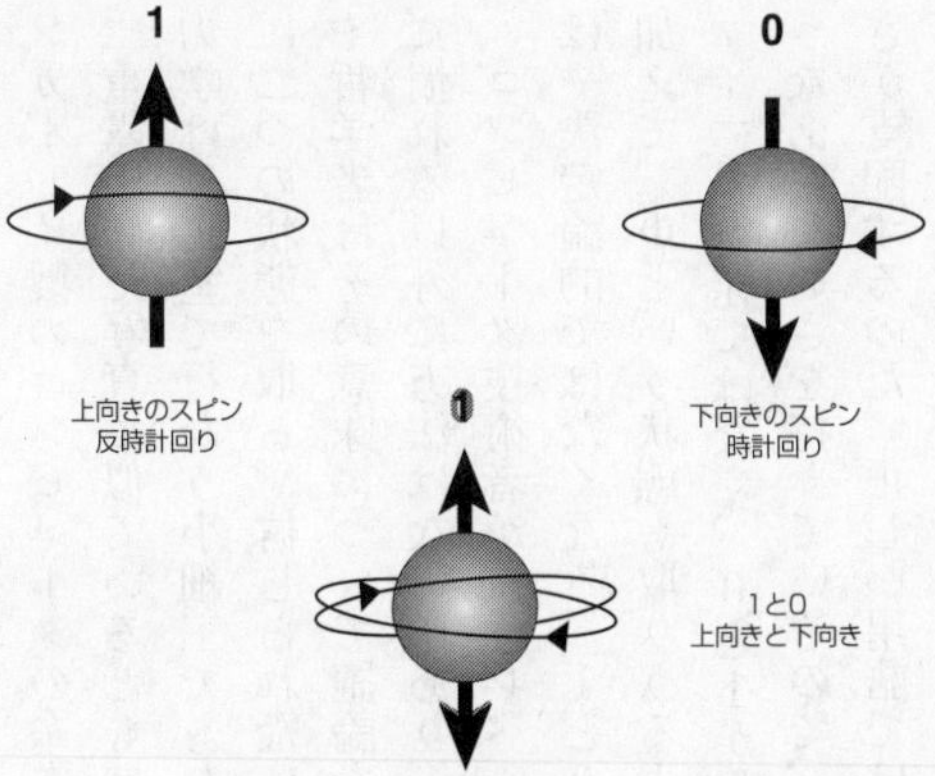

図 3-1　自転する原子。小さなコマだと考えればいい。

か、なんとなくわかるだろう。粒子は同時に二ヵ所以上に存在できる。ある瞬間には固い物質のかけらのようだったかと思えば、次の瞬間には波のようになったりする。

こうした超現実的な振る舞いをする原子をコンピュータに使ったら、はたしてどうなるのか？　コマのように回転軸を上に向けて反時計回りに自転する原子を使って、１という数字を表現するとしよう。それをひっくり返し、回転軸が下を向いて時計回りに自転するようにすれば、その原子は０という数字を表現することになる（もちろんこの決め方は逆でもかまわない。呼び方を入れ替えればいいだけだ）。もし原子がどちらか一方の状態しか取れないとすれば、原子は単に従来のスイッチを恐ろしく小さくしたものにすぎない。

しかし量子力学によれば、原子は同時に1と0の両方の状態を取ることができる。普段やっているように、頭の中で具体的な絵をイメージしようとしても無駄だ。ティンカートイ製のコンピュータの糸巻きが、同時にここにもそこにもあるようなものだ。量子二重露出した写真に似ているとも言えるだろう。しかしこの比喩も正確ではない。量子力学は、暗室で行なう小細工でもなければ、仮想世界の話でもない。実際に原子は同時に二つの状態を取る。信じられないが真実だ。量子力学の登場以来何十年も、物理学者や哲学者はその意味について議論を続けてきた。この先もずっと議論は続くだろう。単に慣れる以外に方法はない。ありのまま受け入れて、先に進むしかないのだ。

コンピュータ技術者が量子レベルにまで小型化を進めると、チップの中の出来事はもはや決定論的ではなくなる。1と0をはっきり区別できなくなるのだ。そして1と0に加えて、Φという状態も取りうるようになる（ここではこの記号はギリシャ文字の「ファイ」の意味ではなく、0と1が量子的に重ね合わされた状態を表す[2]）。量子はこのようなあいまいさを持っているので、同じ原因が同じ結果を及ぼすとは限らない。不確かさが支配するのだ。正しい用語ではこれを、「量子的不確定性」と言う。

当初これは困った事態だと考えられた。コンピュータの部品は年々小さくなり、最終的には原子の大きさにまで近づく恐れが出てきた。技術者たちは、いかにして量子効果を抑えこみ、0と1が混ざり合うのを防ぐかに頭をひねった。しかし一九八〇年代初め、故リチャード・ファインマンや、神秘的な名前のポール・ベニオフといった何人かの物理学者が、量子的不確定性を活用すればかつてない能力を持つ装置を作れるかもしれない、と考えはじめた。(3)

コンピュータ革命の第一段階は、デジタル論理回路の自動化と小型化、そしてジェニアックからブルーマウンテンへ、ブルーマウンテンからQへといった度重なる高速化によってもたらされた。第二段階はおそらく、自然界の持つ奇妙な量子の論理を利用するという、直感に反した新たな方法によってもたらされることだろう。コンピュータに対する古い概念は崩れはじめたのだ。もはやティンカートイをいじり回すこともなくなるのだろう。

私にとっても量子力学は本質的に信じがたい。それは何も私だけではない。人間の脳は進化の過程で、奇妙な量子効果が現れないような膨大な数の原子の集合体に適応してきた。どんな物体もここかそこかのどちらか一方に存在し、時計回りか反時計回りかのどちらか一方向に自転している。原子の世界では二つが共存しうるということを理解するには、人間の視野の狭さを自覚する必要がある。宇宙は、われわれがどんな法則を信じているかなど気にしてはいない。原子や電子や陽子も必ず二つの状態のどちらか一方にあるはずだという人間の直感は、極小の世界を知らない生き物の持つ偏見にすぎない。われわれはマクロの世界の常識によって目をふさがれているのだ。

物理学者もたいして役には立たない。彼らはよく、世間の人々が量子の世界に対して思いこんでいるばかげた考えを茶化して楽しんでいる。そして、『踊る物理学者たち』や『タオ自然学』といった本をバカにしている。この手の本は、量子のあいまいな性質が陰陽道のような東洋思想の二元論と関係があると説いている。量子に関する正確な事実を瞑想のような方法で悟れるなどとは思えない。物理学とは、苦労して自然界の振舞いを観察し、意味のある唯一可能な理論を作ることだ。しかしそれでも、量子の世界が奇妙だという事実を覆《くつがえ》すことはできない。

量子論の創始者マックス・プランクは一九〇〇年に、光は量子という小さな粒子（これが量子論の名前の由来）として放射されることを見いだしたが、この発見がその先何をもたらすかは想像だにできなかった。彼の理論を理解するのは容易ではないが、とりあえず要点だけを示しておこう。幾何学の授業でわれわれは、直線は連続した存在であり、どんなに短い直線にも無限の数の点が含まれていると習った。直線は、半分、四分の一、八分の一……と無限に分割していける。直線は無限に小さい点が無限個集まってできているのだ。以前は誰もが、エネルギーも直線と同様、無限に小さな単位が無限個集まった連続的なものだと信じてきた。しかしプランクは、もしそうだとすれば、熱い物体からは無限の量の放射が発生するはずだということを、数学的に導いた[4]。これは明らかにばかげた結論だ。しかし、エネルギーが量子という最小量を持つ小さな単位からできていると仮定すれば、この矛盾は氷解する[5]。

数年後、アインシュタインが決着をつけた。量子論を使って光電効果と呼ばれる現象を説明したのだ。金属に光を当てると電子が飛び出してくる。アインシュタインはこの現象を、光が塊としてやってくると仮定することで見事に説明した[6]。

実験が繰り返され、この説は実証された。かつてファインマンはこう言った。人間の網膜が刺激されて脳に信号が送られるには、五個か六個の光子が必要だ[7]。われわれの目がもう少し敏感だったら、一個一個の粒子を見ることができただろう。光は、打ち上げ花火のようにパルスとして見えたはずだ。「光は束になってやってくる」。科学書やSFの中心テーマとなっている量子の奇妙さも、こうしたなんでもない観察結果をもとに考えていくことができる。

光をパルスとして見ることはできないが、量子は日常の世界にも姿を現している。窓ガラスを通して外の景色を眺めてみよう。反射した自分の姿が浮かんでいるのが見えるはずだ。光子はあなたの体で跳ね返り、ガラスに当たる。そのうちいくつかは再び跳ね返ってあなたの目に飛び込むが、ほとんどはガラスを通過してしまう(8)(窓の外にいる人もあなたの姿を目にするが、同時にその人自身の反射した姿もぼんやり見ることができる)。

ガラスに当たった一個一個の光子の行き先を決めているのは何なのか? ガラスを通過した光子と反射した光子には何か違いがあった、と考えるのが自然だ。しかし光子は元来すべて同じだ。だとすれば、光子はそれぞれ異なる速さや振動数やスピンを持っていたのだろうか? あるいは大気の影響を受けたのだろうか? 実験によってそうした可能性はすべて否定された。こうした違いをどんなに厳密に制御しても、この理解しがたい現象はなくならない。二つの光子をできるかぎり同じ条件で発生させ、ガラスの上のまったく同じ場所に当てても、一方は跳ね返り、もう一方は通過する(あるいは両方とも跳ね返ったり、両方とも通過したりすることもある)。物理学者は何年もかかって、今では当たり前に受け入れられているある事実を見いだした。一個一個の光子は自らの振る舞いをランダムに「決定」する、という事実だ。

このランダム性は、不完全な世界に住んでいるわれわれが知っているたぐいのものとは違う。ビリヤードの球が四五度の角度で台の縁に当たれば、理論的には四五度で跳ね返る。球や台に小さな傷があると、理想的な値から少しずれる。しかし優れた職人の手にかかれば、そうした傷は極限まで減らせる。球はより完全な球形に、台はより完全な平面にできる。

光子と鏡を使ってビリヤードをする場合、どんなに完璧を期しても、不確かさをなくすことはできない。それ以上は不確かさを減らせないという限界があるのだ。完璧に平らな鏡に正確に四五度の角度で光子を当てると、大部分は四五度の角度で跳ね返る。しかし残りの光子はさまざまな角度で跳ね返る。これはどうしようもない。

このランダム性は、人間の無知や知覚の不正確さのせいではない。ましてや実験技術の未熟さのせいでもない。それらをすべて考慮してもまだ、ランダム性は残る。量子論によれば、われわれが確実に言えるのは、光子の集団が「平均で」どう振る舞うかだけだ。一個の光子の振る舞いを予測する方法はない。われわれがせいぜいできるのは、確率を使って表現することだけである。たとえば、「光子は九九パーセントの確率で四五度の角度に跳ね返るが、わずかな確率で別の方向に進む」となる。この本質的不確かさは、この宇宙が織りなす特徴の一つなのだろう。

量子力学の発明者たちは、この困った振る舞いを記述する方程式を苦心して作り上げた。この方程式によれば、窓に向かって空間を進んでいく光子は、最終的にどのように振る舞うかを決めかねた、どっち付かずの状態で存在している。これを「量子的重ね合わせ」の状態と呼ぶ。空間を進んでいる光子には、「ガラスを通過する」、「正反対に跳ね返る」、「四五度の角度で跳ね返る」、「三〇度の角度で跳ね返る」といったあらゆる選択肢が付きまとっている。光子がガラスに衝突すると、ほとんどの選択肢は消え、たった一つの選択肢がランダムに選ばれる。どの選択肢が選ばれるかは、気づかなかったわずかな傷の存在とは関係ない。このランダム性は、元来備わっているものなのだ。

量子の世界の出来事をわれわれの知る現実の出来事に対応させ、それを頭の中で正確に理解するのは不可能だ。しかしおおざっぱな比喩だけでも多少は役に立つ。振動するスピーカーのコーンから流れてくる音楽について考えてみよう。この絶えず変化する音波は、バイオリンやチェロやビオラやシンバルやティンパニーから発生した「小さな波」が複雑に織り合わさったものだ。ガラスに向かって進んでいく光子も、可能な振る舞いの中の一つ一つを表現した波束《はそく》がたくさん重なり合ってできた波だと考えればいい[9]。光子がガラスに到達すると、この微妙な並列状態は壊される。ガラスとの衝突を生き延びるのは波束のうちの一つだけで、他は消えてしまう。

あまりにばかげた考え方に思える。そして量子の波動などというものは、計算のための道具でしかなく、実体を持たない数学的存在にすぎない、と考えたくなる。しかしこ

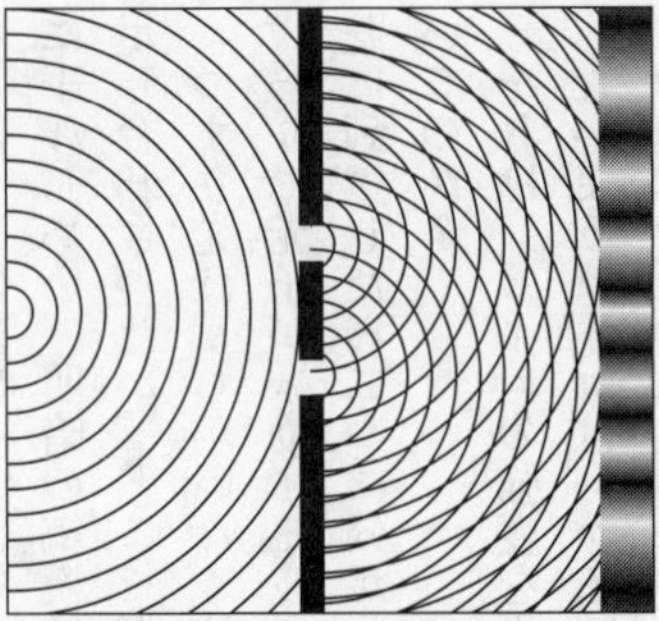

図3-2　二重スリットの実験。波は仕切り板に開いた２つの穴を通り抜ける。反対側では２つの波が干渉しあう。

うした「確率波《かくりつは》」も、実験室の中では水や空気の波動と同様に、鏡やフィルターを使って操作できる。実体を持った波なのだ。

　この納得しがたい事実は、[10]二重スリット実験という形で広く知られている。水を張った盆を考えよう。この盆は、二つの穴の開いた板で真ん中が仕切られている。左側に何か小さな物を落とすと、仕切り板に向かって波が発生する。穴に到達すると波は二つに分かれ、仕切り板の右側で相互作用しあう。二つの山が重なりあうと、山は大きくなって波の強度は増加する。逆に山と谷が重なると、波は互いに打ち消しあう。この結果、「干渉パターン」という模様ができあがる。これこそが波の存在を示す証拠だ（図３－２）。

　さて実験の第二幕だ。一枚の紙に光子のビームを当てるのだが、光源とターゲットの紙の間には二つの穴の開いた壁を置く。まず片方の穴をふさぐと、紙の上には一個のぼやけた光点ができる。次に、今ふさいでいた穴を開け、もう一方の穴をふさぐと、光点の位置は変わる。そして最後に、両方の穴を開ける。紙の上には二つの光点が並んで現れそうなものだが、実際にはそうはならない。二つの穴からやってきた波がちょうど水の波のように干渉しあい、明暗の縞《しま》模様が現れるのだ。そしてその縞の位置は、二つの波がどこで足し合わさったか、どこで打ち消しあったかを示している。

つまり光はまちがいなく波なのだ。ここで実験をやめてしまえば、光は単に水分子の代わりに光子が振動する波であって、そこに謎は何もないと思ってしまうはずだ。波は壁に到達したら二つに分かれ、互いに干渉しあう。プールの波と同じだ。何が奇妙だというのか？

それは、ビームの強度を下げて光子の流れを弱くし、一度に一個の光子しか壁に到達しないようにすればわかる（光子がどこに届いたかを知るには、ターゲットを光検出器や写真のフィルムに置き換えればいい）。各光子は二つの穴のどちらか一方を通過するにちがいない。そして途中で干渉する相手がいないのだから、波動としての性質はなくなるはずだ。その結果、露出を長くすれば二つのぼやけた光点だけが現れ、干渉パターンは認められないはずだ。そもそも何と何が干渉するというのか？　しかし実際にはそうではない。一個一個の光子は、さきほどと同じ干渉パターンを作っていくのだ。まるでどこかにコンピュータが隠されていて、それが各光子にどこに進むかを指示しているかのようだ。

この実験が教えてくれるのは、水の波が水分子の振動であるのとは違って、光はたくさんの光子からなる波ではないということだ。一個一個の光子自体が、たくさんの可能な状態の重ね合わせとしての波なのだ。壁に当たるのはこの可能性を示す波であり、それが二つに分かれて互いに相互作用する。可能性のうちのいくつかは強まり、他の可能性は弱まったり消えたりする。この組み合わさって生じた波がターゲットに衝突すると、重ね合わさった状態は壊れ、可能性のうちの一つだけがフィルム上の小さな点として現実のものになる。単なる数学的概念だと思われたものが、現実の存在として振る舞うのだ。次の光子は別の場所に到達し、その次の光子はまた別の場所に到達する。そして十分時間をかけると、明暗の縞模様が現れる。

この現象を理解するには、あまり正確ではないある喩えに考えを巡らせなければならない。ファインマンは、光子を確率波としてではなく、ある異常な性質を持つ粒子として考えた。両方の穴を同時に通り抜けることができたり、あるいは窓ガラスを通過すると同時に跳ね返ることもできる粒子として考えたのだ。彼は、量子力学に対するこうした解釈の仕方を「多経路解釈」と呼んだ。

光線が鏡の中心で反射する場合を考えよう。光線には同時にたくさんの光子が含まれており、それが一斉に進んでいくため、光線は最も効率的な経路をとる。つまり鏡に入射したときの角度と等しい角度で反射する。しかしこのとき実際には何が起こっているのか？ 光線は、それぞれが確率的に振る舞う量子から構成されている。一個の光子は、鏡の中心に向かってまっすぐ進む可能性が最も高い。しかしどんな経路をとってもまったく問題はない。中心から少し左右にずれて当たることもあるし、確率は低いが鏡の一番端に当たることもある。「多経路」解釈によれば、一個の光子は同時にすべての可能な経路をたどろうとする。この軌道同士が干渉しあい、互いに足し合わさったり、打ち消しあったりする。そして最終的に、鏡の中心に当たって入射角と等しい角度で反射するという、予測どおりの結果だけが実現する（図3－3）。

このような解釈の仕方と、波動としての解釈の仕方、つまり光子は複数の可能性が重ね合わさった波であり、最終的にそれが壊れて一つだけ結果が現れるという考え方と、どちらがより奇妙に思えるかは、人それぞれだろう。物理学者や哲学者は何年にもわたって、さまざまな解釈の方法を考えだしてきた（量子力学の「多世界」解釈によれば、それぞれの可能性は別々の平行宇宙で実際に起こっているという。ＳＦには恰好の題材

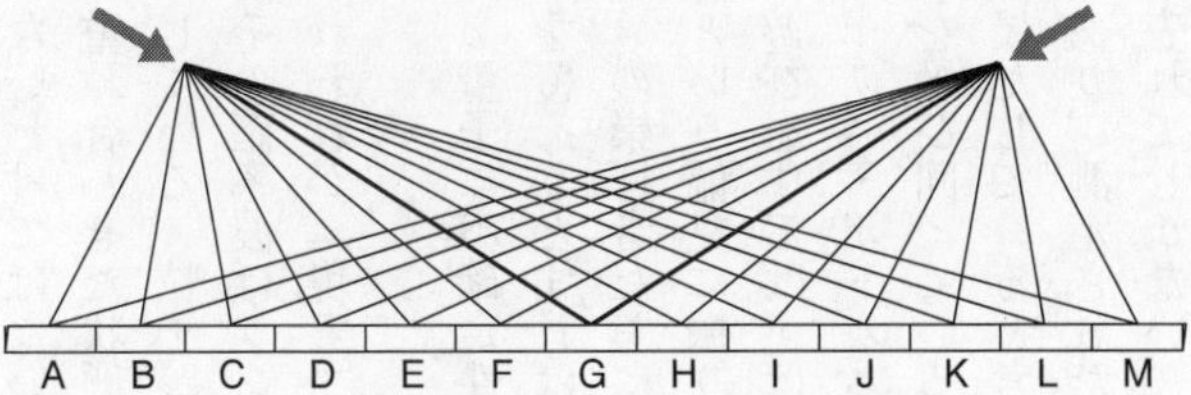

図 3-3　鏡で反射する光線。ファインマンの「多経路解釈」によれば、光子は可能な経路をすべて同時にたどる。

だ)。そうした解釈はすべて、数学的にまったく等しいことがわかっている。どの解釈も、突き詰めれば次の言葉に集約される。「人間の脳は、量子の法則を直感的に理解するようにはできていない」。それに理由などない。人類が進化してきたこの世界では、一握りの物理学者以外が一個一個の粒子を扱うことはない。粒子はたいていまとまってやってくる。粒子は絶えず相互作用して干渉しあい、不可解な確率波はほぼ瞬間的に壊れる。量子的振る舞いはわれわれの目からは隠されており、生き延びるうえでそれを理解する必要はないのだ。

光子について言える性質は、原子の中をさまよったり導線の中を流れたりする電子や、原子核を構成する陽子や中性子など、どんな素粒子にも当てはまる。どの瞬間にも一個の粒子は、ある特定の位置に存在するわけではない。粒子は存在可能なすべての位置を重ね合わせた状態にある。

この量子的なあいまいさは、位置についてしか当てはまらないわけではない。粒子は、時計回りと反時計回り、つまり上向きと下向きのスピンを重ね合わせた状態にもある。また一つの波は、その粒子の取りうるあらゆる速度も表現している。粒子が観測あるいは測定され、外の世界からある種の攪乱《かくらん》を受けたときのみ、その確率波はランダムに壊れる。そのときいくつもの可能性は、たった一つの事実、われわれが「現実」と呼ぶものへと収束するのだ。

量子に不確定性があるという基本的な事実は、今では人々に深く浸透している。それを覆そうとすれば、すぐに変人扱いされて相手にされなくなるだろう。アインシュタインの崇拝者たちに言わせれば、彼が量子論に異議を唱えたのも、世界はこうあるべきだという偏見に振り回された稀《まれ》なケースだそうだ。アインシュタインは、「神がサイコロ遊びをするはずはない」という有名な言葉を残した。一九三五年、彼と二人の若い仲間ボリス・ポドルスキーとネーサン・ローゼンは、量子力学は実はまちがっていて、空間を飛び回っている観測できない粒子が、他のあらゆる物理的物体と同様に大きな役割を果たしていると考え、それを証明しようとした。粒子が一見あいまいで不確かな状態にあり、測定されたときだけランダムに決定づけられるように見えるのは、人間の無知の表れでしかない。量子論には何か欠けているものがあるはずだ。そう彼らは考えた。

アインシュタインはたびたび、定説に対して奇抜な思考実験で挑《いど》んだ。相対性理論を構築するうえで最初のきっかけとなったのは、もし自分が光に追いつくほどの速度で移動したとしたら矛盾が生じる、と気づいたことだった。そうなると光の波は静止し、もはや光とは呼べなくなってしまう。

量子力学を攻撃するうえでアインシュタインらは、この理論がばかげた結論を導くことを示そうとした。ＥＰＲ（アインシュタイン＝ポドルスキー＝ローゼン）の主張と呼ばれる議論の中で彼らは、一個の粒子の崩壊によって生じた二個の光子が、互いに逆方向に飛んでいく場合を採り上げた。光子はスピンという性質を持っている。スピンとはおおざっぱに言って、時計回りに自転するか反時計回りに自転するかといった性質だと考えればいい。スピンはエネルギーと同様に保存される。二つの粒子が相互作用するとき、その前後でのスピンの値の合計は一致する。ＥＰＲ実験では、崩壊する最初の粒子はスピンを持っていない。したがって生成した二つの光子は互いに逆向きに自転し、全体ではスピンはゼロになる。

しかし量子力学によれば、どちらの光子も測定されるまでは決まった性質を持たない。どちらの光子も、時計回りと反時計回りが重ね合わさった状態で存在する。アインシュタインらは、これが問題を引き起こすことに気づいた。彼らは、どちらの光子も生まれた瞬間から、時計回りか反時計回りかどちらか決まった状態を取っているはずだと考えた。測定とは単に、事実が何なのかを確かめる行為にすぎないというのだ。そうでなければ矛盾が生じる、と彼らは主張した。粒子が崩壊してしばらく経ってから一方の光子を測定し、どちら向きのスピンを持っているかをその光子に「選ばせた」としよう。その結果がどちら向きであれ、もう一方の光子は、全体でスピンをゼロにするために瞬間的に逆向きのスピンを取らなければならない。しかし二つの光子を同期させるための信号を、最初の光子からもう一方の光子へ伝える時間的余裕などない。情報の伝達は、光速より速く瞬間的でなければならないのだ。量子力学はこのような不条理な結論を導くので、この理論はまちがっているか、あるいは不完全なはずである。

現在では、この不条理な結論は実は正しかったことが、はっきりと証明されている。二つの光子が瞬時に情報を交換するというのは、相対性理論に反している。しかし二つの光子は実際に、何らかの形でつながりを持っている（物理学者は「絡み合い《エンタングルメント》」という用語を使う）。この事実は、どんな物体もある瞬間には一つの場所にしか存在しないという局所性の概念に反する。アインシュタインの思考実験の後、実験室で実際にEPR効果の存在が実証された。(11) 別々の場所に存在する二つの粒子は、互いにどんなに遠く離れていようともなんらかの形で相関を持っていて、通常の物理的結びつきがなくても一心同体としての運命をたどる。一方が上向きのスピンを持てば、もう一方は必ず下向きのスピンを持つ。二つの光子は別々の存在ではなく、一つの大きな存在の持つ二つの面のようなものなのだ。

ビリヤードの球のように秩序正しく予測可能な形で振る舞う物体からなる世界を、物理学者は古典世界と呼んでいる。量子力学の登場以前に確立されていた法則に従うからだ。この世界では、すべての作用には反作用が伴い、すべての原因からは予測可能な結果が生じる。現実には測定限界が存在する。しかしその不正確さは、人間の無知や不器用さによるものであって、努力すれば改善の余地はいくらでもある。

デジタルコンピュータは完全に古典世界に属している。高度な技術によって不確かさは抑えられ、１と０からなる同じ列を何回インターネットで送っても、必ず同じ結果が得られるようになっている。１＋１は必ず２になる。もし違う答えが出てきたら、システムを調整し直せばいい。量子的不確かさが問題になることはない。チップ上の小さなスイッチは無数の原子からできていて、その原子同士は常に相互作用して量子効果を打ち消しあっている。そのためスイッチは古典物理学の法則に従い、確実にオンかオフのどちらかになる。スイッチが量子的などっちつかずの状態になることを心配する必要はない。

そのためこうしたスイッチを使えば、確実に決定論的な装置を作ることができる。そしてその装置を使って、ガソリンエンジン内部の機械的運動や、都市交通のパターン、あるいは別のコンピュータの働きといった、別の決定論的事象をシミュレートできる。どんなコンピュータもメモリと時間が十分に与えられれば、他のあらゆるコンピュータをシミュレートできる。これはコンピュータ科学において最も重要な原理だ。カセットテープのデッキを備えた昔のラジオシャックやアップルのコンピュータでも、Qのようなスーパーコンピュータの真似ができる。計算を終わらせるには倉庫いっぱいのテープと何世紀もの時間がかかるかもしれないが、どちらの装置も1と0を組み替えるという基本的操作に関して違いはない。コンピュータはどれも同じなのだ。

しかしデジタルコンピュータを使って、原子核の周りを回る電子や素粒子の衝突などの量子系をシミュレートしようとすると、能力の限界に突き当たってしまう。デジタルコンピュータが正確に予測可能な形で振る舞うのに対して、量子系は本質的にその逆だからだ。二つの世界が相容れることはない。

今、時計回りか反時計回りのどちらかで自転する一〇個の粒子をシミュレートしたいとしよう。各粒子の状態は、一ビットの情報（スイッチのオンかオフ、あるいはティン

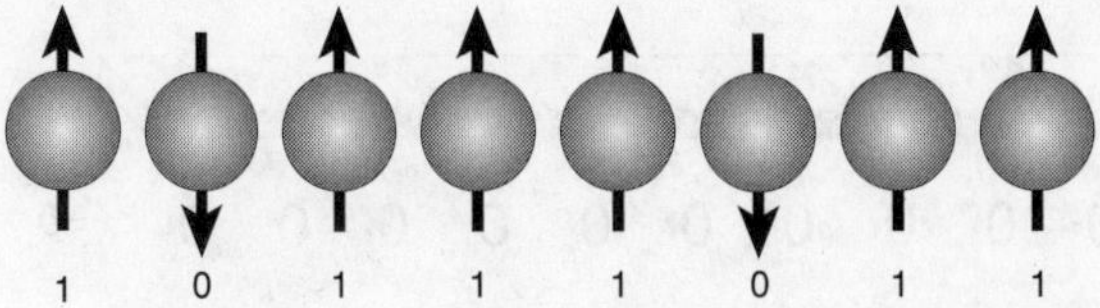

図 3-4　時計回り（0）か反時計回り（1）で自転する原子の列。

カートイの糸巻きが右にあるか左にあるか）で表現できる。今は0を時計回り、1を反時計回りと決めよう。ジェニアックのときと同様、どちらにどちらを対応させてもかまわない。

さて、一〇個の粒子が取りうるすべての状態を数えあげてみよう。すべての粒子が時計回りに自転している状態は、一〇個のスイッチすべてを0にセットして表現すればいい。逆にすべての粒子が反時計回りに自転していたら、1だけを並べて表現すればいい。他にも、一番目の粒子が反時計回りで残りが時計回り、二番目が反時計回りで……、三番目が……、などさまざまな状態が存在する。

可能なパターンの総数は、単純な算数で計算できる。おのおの二種類のスピンを取りうる一〇個の粒子は、2×2×2×2×2×2×2×2×2×2、つまり二の一〇乗個の状態を取りうる。これは一〇二四となる。一つのパターンを表現するには一〇個のスイッチが一列必要なので、すべてのパターンを表現するには一〇二四のスイッチ列を並べる必要がある。最初は

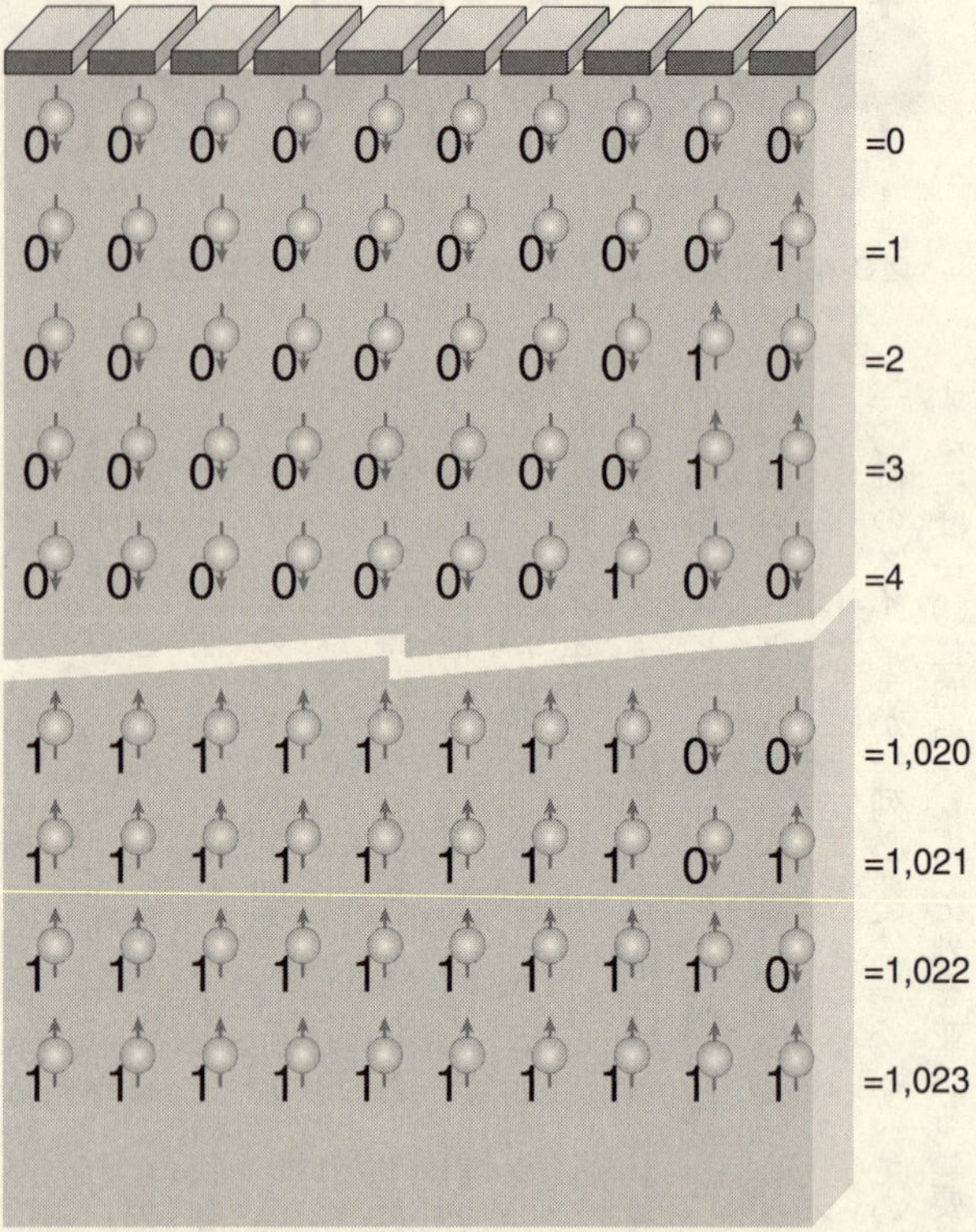

図 3-5a　従来のコンピュータで使われている 10 個のスイッチは、0 から 1,023（2 進数で 1111111111）までの数のどれか一つを表現できる。すべての数を表現するには、1,024 のスイッチ列が必要となる。

0000000000、最後は1111111111となる（さきほどの二進数距離計を使えば、最後の列は1が一個、2が一個、4が一個、8が一個……、つまり1＋2＋4＋8＋16＋32＋64＋128＋256＋512＝1023となる。最初の0だけの列から数えれば、スイッチ列は全部で一〇二四となる）。

粒子の数を増やしていくと、必要なコンピュータ資源は指数関数的に増大する。粒子が一二個なら四〇九六だ。粒子の数を二倍して二〇個にすると、パターンの種類は二の二〇乗、つまり一〇四万八五七六となる。粒子が四〇個なら、二の四〇乗、つまり一兆個のプロセッサ列が必要となる（図3‐5a）。

ここまでは、オセロの駒のような古典的物体をシミュレートする場合と同じだ。量子的物体を扱おうとしているわれわれが困難に直面するのは、ここからだ。各粒子は同時に時計回りにも反時計回りにも自転できる（二つの自転方向は、たとえば九九パーセント時計回りで一パーセント反時計回り、九八パーセント時計回りで二パーセント反時計回り……といったように、あらゆる割合で重ね合わせることができる）。全体ではこの系は、粒子の取りうるすべての状態を重ね合わせたきわめて複雑な状態を取る。激しく波打つ確率波だ。しかしこれも、ある瞬間における静止像でしかない。このさき粒子は

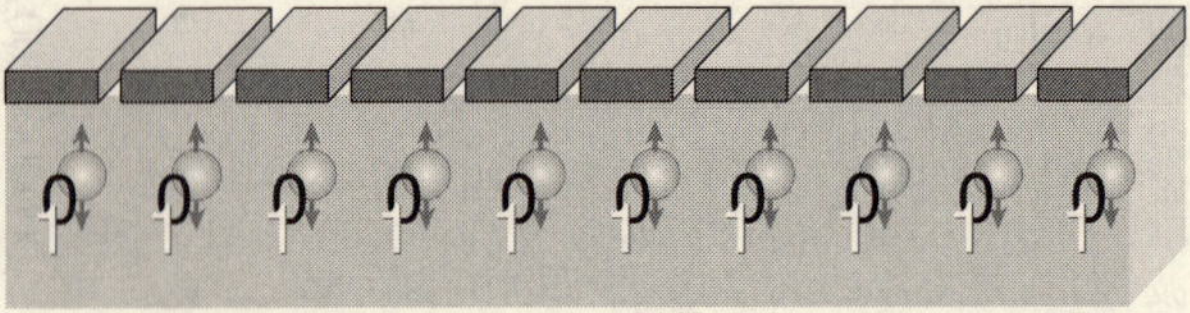

図3-5b　量子スイッチは同時に1と0の両方を表現できるので、量子スイッチが10個あれば1,024の数をすべていっぺんに記憶できる。

互いに作用しあっていくので、コンピュータは系全体の進展をすべて追跡しなければならない。すなわちこれは「困難な問題」なのだ。考慮すべき可能性はどんどん増大していくので、最強のスーパーコンピュータでもすぐにデータの山にお手上げになってしまう。古典世界の機械は、まったく異なる法則に従って起こる現象をなんとかモデル化しようと、四苦八苦させられることになる。

一九八二年、ファインマンがある解決法を提案した。それ自身が量子力学に則《のっと》って動作するようなコンピュータを使ったらどうだろうか、と考えたのだ。このスイッチは粒子同様、1か0かには限定されず、同時に1にも0にもなる。一〇個の古典的スイッチは、一〇二四通りのスピンのパターンのうちたった一つしか表現できない。全部表現するには、一〇二四のスイッチ列が必要だ。しかし、もし一〇個の量子的スイッチがあったらどうだろうか？　それぞれのスイッチは同時に両方の状態を取れるので、たった一つのスイッチ列で同時に一〇二四通りの

可能性を表現できるはずだ。(12)

このアイデアを理解するのは容易ではない。とりあえず次の事実を信じることにしよう。x個の原子（あるいは他の量子）があれば、二のx乗個の数をすべて同時に表現できる。そんなことを誰が想像できただろうか？　しかしこの概念は、量子コンピュータを理解するうえできわめて重要だ。もっと詳しく見てみよう。わかりやすくするために、量子スイッチの数を三つに減らそう。三ビットが作るパターンは八種類で、それぞれが0から7までの数を表現できる。

0（000）　1（001）　2（010）　3（011）　4（100）　5（101）
6（110）　7（111）

今、三つのスイッチのうち一番右だけが、1と0の重ね合わさった状態にあるとしよう。左の二つのスイッチがどちらも0ならば、000と001という数を同時に表現できる。次に真ん中のスイッチも重ね合わせ状態にあるとすれば、000と001と010と011を同時に表現できる。最後に一番左のスイッチも量子状態にすれば、八つのパターンすべてをたった三つの原子によって記録できる。

量子ビットを増やしていけば、表現できる可能性は増大する。四〇個のスイッチが一列あれば、四〇個の粒子のスピンが取りうる一兆通りのパターンをすべて同時に表現できる。量子系を使って別の量子系をシミュレートするということだ。古典的コンピュータを立ち往生《おうじょう》させてしまうような指数関数的増加も、量子スイッチを使えば正しく扱えるのだ。

このような方法で粒子をシミュレートできれば、物理学者にとっては強力な道具になるはずだ。ファインマンの提案から数年後、さらに刺激的な可能性が見えてきた。指数関数的に難しくなるため従来のコンピュータでは解けなかった問題が、量子的機械を使えば扱えるようになるかもしれないというのだ。量子ビット（今では「キュビット」と呼ばれている）を使うと、数や単語や音声や画像など、1と0の列に変換できるあらゆるものを表現できるかもしれない。そして量子力学の魔術を使えば、膨大な数のビット列を同時に記憶し、同時に処理できるはずだ。何十億通りという可能なチェスの手を、量子的重ね合わせによってすべて同時に評価できるかもしれない。ずっと古典物理学にこだわってきたコンピュータ科学者は、まだそのごく一部しか扱えずにいる。待ち受けているのは、まったく新たな種類のコンピュータなのだ。

第4章 コンピュータの限界「因数分解」と量子コンピュータ

最近のコンピュータの「デスクトップ」は、まるで仮想空間に迷い込んだかのような幻想を抱かせてくれる。心を落ち着かせるまだら模様の大理石やベニヤの板、あるいはもっとのどかな花畑や渓谷の画像が、画面いっぱいに広がっている。そしてその背景の上には、仮想的な物体がころがっている。親指の爪程度の小さな絵が、文書や音声や動画やフォルダー、そしてワープロや電卓や表計算ソフトやＥメールソフト、あるいはインターネットの迷宮を探検するためのブラウザーといった、さまざまな自由に使える道具を表現している。

ワープロの文書ファイルをダブルクリックすれば、単語や文章で埋まった仮想的な紙が現れ、それはどこにでも動かすことができる。「ラプソディー・イン・ブルー」と書かれた音声ファイルをダブルクリックすれば、音量つまみや早送り・巻き戻しボタンの付いたテープデッキそっくりの物体が現れる。あるいは別の刺激がほしければ、ウェブ・ブラウザーの「お気に入り」メニューを開き、タイムズ・スクエアを二四時間リアルタイムで見つめるビデオカメラにアクセスすればいい。タクシーや歩行者や鳩《はと》のひしめく世界が、ウィンドウの中に現れる。

あなたが画面上に見ているものはすべて、突き詰めれば一度に一個ずつ光っている小さな点にすぎない。画面はビット列によって一秒間に何十回も書き換えられる。この常に変化する二進数データの列は、各瞬間に何百万個というピクセルを赤・緑・青のどれに光らせるかを指示している。この技術はテレビにも使われているが、テレビでは一つの画像しか表示できない。しかしコンピュータの場合、マウスを使ってこの点描世界に入り込み、物体を変化させたり動かしたりできる。スクリーンの上のボタンを押したり、ファイルやフォルダーを別のフォルダーにドラッグしたり、ファイルをまとめてゴミ箱に放り込んだりしていると、今やっているのは単にマウスの移動によって一連の命令を発しているにすぎないということを、つい忘れてしまう。その命令にもとづいてコンピュータは、ピクセルから構成された仮想世界のパターンを表現するビットを書き換えているだけなのだ。

この幻覚を覚まさないためには、膨大な量の情報を処理する必要がある。タイムズ・スクエアのビデオカメラは、四五番街とブロードウェイとの交差点の映像を次から次へと記録し、その信号を一ビットずつインターネットで送信する。ブロードバンドを通してあなたのコンピュータに送られてきたデータは、復号化され、画面上の正しい位置に表示されるように処理される。同時に、「ラプソディー・イン・ブルー」のデジタルデータがハードディスクから読み出され、音声に変換されてからスピーカーに送られる。いつでも音量を調節できるし、サウンド・プレーヤーやタイムズ・スクエアのウィンドウをデスクトップ上で動かすこともできる。コンピュータはあなたのマウスの操作を忠実に追いかけ、カーソルがどのアイコンから外れ、どのアイコンの上に来たかを記録している。作業で忙しいときにメールが届けば、ビープ音やピアノの音を鳴らしたり、スクリーンの端に封筒の絵を出したりして知らせてくれる。

目の前で繰り広げられるこの仮想世界の驚くべき点は、すべてが同時に行なわれることだ。この幻影を生み出す魔術師は、たった一個のコンピュータチップだ。ハードウェアの内部を詳しく見てみよう。次から次へと押し寄せてくるあらゆるデータ列は、最終的にある小さな塊ごとに、このマスター・プロセッサ（ペンティアムやPowerPC）へと送られる。普通のパソコンでは、このチップによって一秒間に何億回という計算が処理される。しかしプロセッサは、どんなに能力が高くても一度に一つの仕事しか相手にできない。クロックが一つ進むと、タイムズ・スクエアのカメラから届いた一つのピクセルを表現した小さなビット列を処理し、クロックが次に進むと、「ラプソディー・イン・ブルー」の中のごく短い部分の処理へと進み、その次のクロックではあなたが今タイプした文字や数字を表すビット列を処理するのだ。コンピュータ技術者はこの欠点を、世界初のコンピュータの設計に貢献した物理学者ジョン・フォン・ノイマンにちなんで、フォン・ノイマン・ボトルネックと呼んでいる。今日のプロセッサは、同時に何個かの計算を処理できる。しかしもともとの設計思想は変わっていない。世界を虜《とりこ》にしたコンピュータの能力の向上は、ボトルネックの入り口を広げたためではなく、データの流れを劇的に速くしたためにもたらされたのだ。

実はどんなコンピュータも、立派なケースや付属品を取り外してしまえば、チューリング・マシンと呼ばれる機械を真似たものにすぎない(1)。デジタルコンピュータが登場するはるか以前の一九三〇年代、イギリスの数学者アラン・チューリングが、たった二つの部品からなる仮想的な問題解決マシンを考えだした。二つの部品とは、時計のようなダイアルと、長い紙テープに書かれた記号を一つ一つ調べていく読み取りヘッドだ。解くべき問題は、×と○という二つの記号によって符号化され、テープの上に記されてい

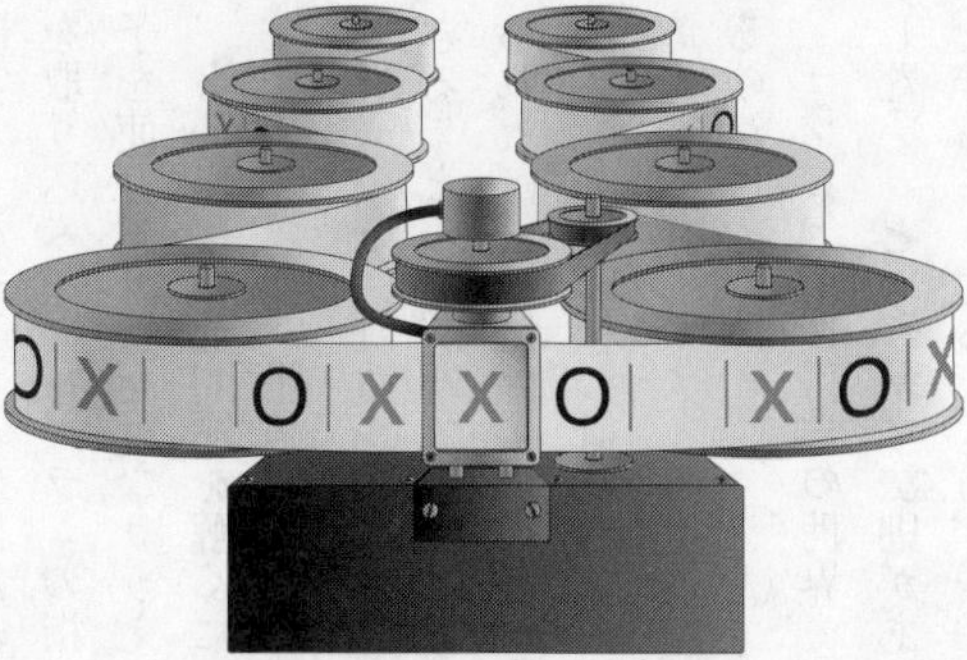

図4-1　チューリング・マシン。

る。まず、ダイアルの針を開始位置に合わせる。
そしてこの機械（ギアや電子部品から作られたブラックボックスとしておこう）は、単純な指示の書かれた表に従ってデータを処理していく。その指示とは、「読み取っている枠の中が×で、ダイアルが5の位置にあれば、その記号を○に書き換え、テープを左に二つ動かし、ダイアルを2の位置に回せ」といったものだ。この機械は目の前の新たな記号を次々と読み取り、表を参照してしかるべき指示に従って動作していく（図4-1）。

正しい指示表（今日のプログラムに相当する）があれば、この機械はどんな問題でも扱うことができる。掛け算のプログラムを組み、2と3（たとえば××○×××と符号化されている）を与えれば、機械は一つ一つ処理を進め、最後に××××××を印字する。最初の数を次の数で累乗するようにプログラミングすれば、機械はテープを左右に動かしながら、記号を読み取り、印字し、消去して、最後に八つの×が並んだテープを吐き出す。計算とは単に、入力列を取り込み、プログラムの指示に従ってそれを出力列へと変換することにすぎない。原子を使って計算を行なううえでも、この原則は重要である。

もっと複雑な問題を解くには、もっと長い指示表が必要となる。チューリング・マシンはテープの一部を、途中結果を一時的に記憶するためのメモ帳（メモリ）としても利用する。チューリングは、テープが無限にあれば、この装置は（原理的に解くことのできる）どんな問題でも解けることを証明した（解くことが原理的に不可能な問題が与えられれば、機械は永遠に動き続ける）。チューリングには先見の明があった。彼は、加減乗除や平方根の計算などのための指示表を、あらかじめ機械に埋め込んでおく必要はないと気がついた。データと一緒に指示表も、×と○を使って装置に与えることができるのだ。

コンピュータ科学の世界では、チューリング・マシンより強力なコンピュータは存在しない、という基本法則がある。確かに、チューリング・マシンより速いコンピュータを作ることならできる。一〇台や一〇〇台や一〇〇万台のコンピュータを並べ、全体で一つの問題に取り組むようにすることもできる（ブルーマウンテンのようなスーパーコンピュータは、こうした「並列コンピュータ」である)。しかしわれわれがやっているのは、巧妙な古臭いテープ読み取り機をきれいに飾り立て、より効率のよいチューリング・マシンを作っているだけだ。チューリング・マシンに十分なテープと時間を与えても歯が立たない問題は、物理世界に存在するどんな装置でも解くのは不可能なのだ。しかしここ数年で、今の文言は次のように修正せざるをえなくなった。チューリング・マシンに十分なテープと時間を与えても歯が立たない問題は、古典物理学に従って動作するどんな装置でも解くのは不可能だ、と。(2)

長ったらしい計算に四苦八苦したことのある人なら、目が悪く不器用なチューリング・マシンの会計係に、共感を抱くはずだ。たとえば、245の約数(掛け合わせるともとの数になる二つ以上の数)を見つけたいとしよう。すぐに思いつく手順(アルゴリズム)は、系統的に試行錯誤していくというものだ。12を約数に分解するには、まず1×12から始め、2×6, 3×4と進めていく。5は約数ではない。6はすでに出てきた。その先に当てはまるものはない。6より大きな数はどれも(12自身をのぞいて)、12を割り切ることはできない。ここで労力を節約する近道が一つわかった。もとの数の半分の数まで調べていくだけでいいのだ(さらに深く考えれば、もとの数の平方根まで調べれば十分だということがわかる)。この手順を13でやってみると、13には1とそれ自身以外に約数がないことがすぐにわかる。これは、それ以上分解できない単位、素数である。どんな整数も、素数か合成数（素数の積）かのどちらかだ。

小さな数を素数に分解するのは簡単だ。49は7×7、50は2×5×5だ。しかし分解する数が大きくなるにつれて、計算時間は驚くべき速度で指数関数的に増加していく。想像しうる時間内で数百桁の数を分解するのは不可能だ。もしあなたが飛び抜けて幸運で、たまたま約数を言い当てられたなら話は別だ。しかしこのわずかな可能性も、数が大きくなるにつれて指数関数的にどんどん減っていく（後で述べるように、インターネットで使われている最も堅固な暗号には因数分解が使われていて、この問題は数論学者の他にも幅広い人々の興味を惹きつけている）。

もしかしたら数学という観念の世界のどこかには、因数分解を加減乗除と同様に簡単に素早く計算できるような特別なアルゴリズムが、まだ誰にも発見されずに潜んでいるかもしれない。Ｍａｃで遊んでいた一三歳の天才少女が、たまたまそうした方法を見つけないとも限らない。オリバー・サックスは著書『妻を帽子とまちがえた男』で、頭の中で大きな素数を見つけ、それを言い合って遊ぶ双子《ふたご》の自閉症患者について書いている。[3] サックスはこの興味深い現象を、ロマンティックに「ピタゴラス的感性」と呼んでいる。

彼らの精神は謎めいた形で数学の世界と共鳴し合っているというのだ。もしかしたら神経回路のどこかに生じた偶然が、数学者たちを長年斥《しりぞ》けてきたアルゴリズムにたどり着く能力を彼らに与えたのかもしれない。もちろんもっと平凡な解釈も成り立つだろうが。因数分解の問題を片づけるには、現在想像できるような方法は役に立たない。チューリング・マシンよりも強力なコンピュータが必要なのだ。

問題の複雑さは、それを解くのにどの程度の時間がかかるかによって測定できる。しかしコンピュータが高速になると、昔の測定基準は使えなくなる。現代の電卓は四桁の数同士の掛け算を、あなたがキーを打つよりも速くやってのける。しかし昔の機械式計算機では、一ステップずつガチャガチャと計算を進めていかなければならなかった。

問題の困難さを数値化するには、コンピュータの種類に関係なく、計算時間がどのように増加していくかを考える方が、より意味がある。たとえば六桁の数同士の掛け算は、三桁の数同士の掛け算に比べてどの程度長くかかるか。この比率は、技術がどんなに進歩しても変化しない。ＢＭＷであれフォルクス・ワーゲンのビートルであれ、一定の速度で一〇〇キロ走れば、五〇キロの倍の時間がかかる。[4] この壁を打ち破るには、時空のひずみを見つけてワームホールを通り抜けるしか方法はない。

二点間を一定の速度で走ったり、箱の中の物を数えたりするといった単純な作業にか

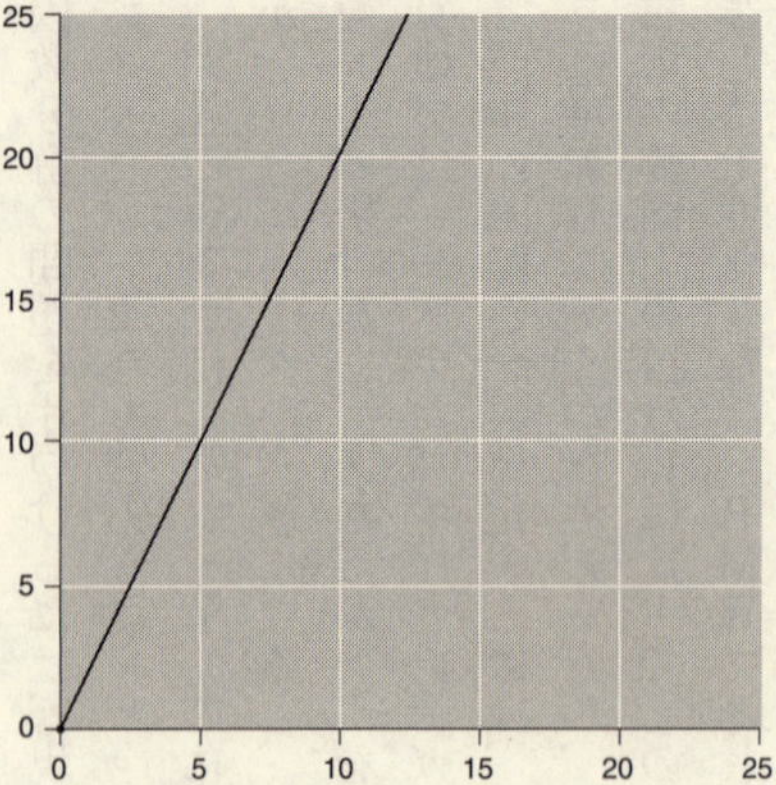

図 4-2　単純な線形関係、$y = 2x$ のグラフ。入力 x（水平軸）を増加させると、出力 y は徐々に増加する。x が 10 なら、y は 20 となる。

かる時間は、線形的に増加していく。問題が大きくなれば、それを解くのにかかる時間も同じ割合で増加する、ということだ。三〇個の物を数えるのに一〇個の場合よりも三倍かかったなら、四〇個では四倍、五〇個では五倍かかる。この関係をグラフで表すと、斜めの直線が得られる。問題が大きくなるにつれ、それを解くための時間も増加する。しかしその増加の速度は緩やかなので、コンピュータや人間でも大きな問題を比較的簡単に扱える。

線形関係は、たとえば $y = 2x$ という等式（関数）で表現できる。関数は抽象的な機械のようなものだ。数 x を入力してボタンを押すと、反対側から結果 y が

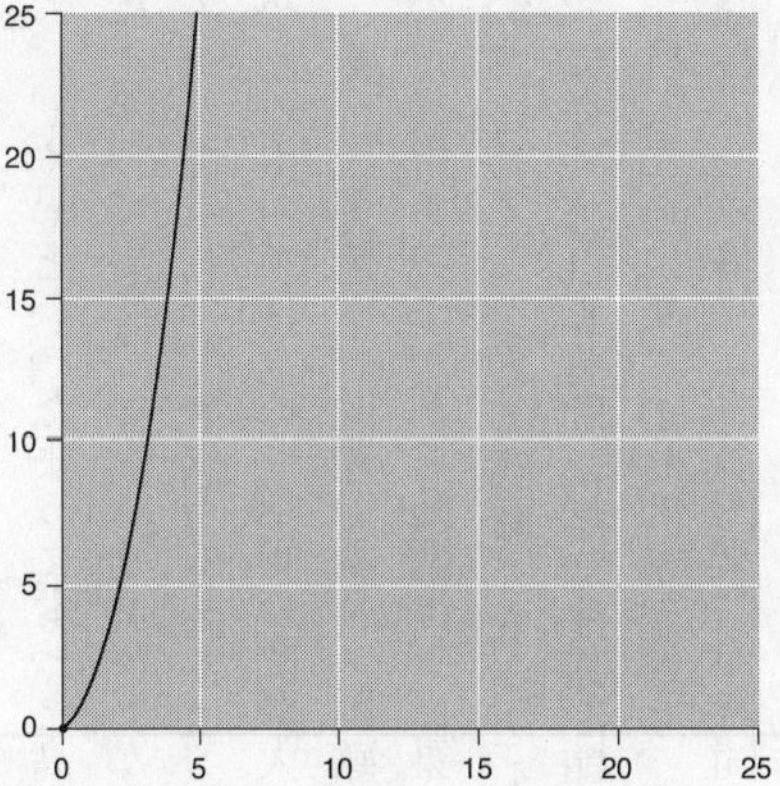

図 4-3　関数 $y = x^2$ の場合、出力はもっと速く増加するが、まだ手に負える程度だ。x が 10 なら、y は 100 となる（上端を突き抜けている）。

出てくる。グラフを見れば、複雑さの程度が2の問題を解くには四単位（2×2）の時間かかることがわかる（複雑さの程度とは、計算する数の桁数や、物を順番に並べるときの物の総数に対応する）。複雑さの程度が4ならば八単位の時間がかかり、10ならば二〇単位の時間がかかる。問題の規模が二倍になると、それを解くのにかかる時間も二倍になるのだ。

　さらに困難な問題として、計算時間が問題の複雑さの何乗かに従って増加するものがある。たとえば、$y = x^2$ という関係を考えよう。この場合、グラフの線はもっと急速に上がっていく。複雑さ2の問題を解くには四単位の時間ですむが、複雑さが4になれば一六単位（四の二乗）の時間がかかる。加速度的増加は続いていく。複雑さ10の問題は一〇〇単位（一〇の二乗）の時間、複雑さ20の問題は四〇〇単位（二〇の二乗）の時間がかかる。数学者はこうした関係を、「多項式関数」と呼んでいる。[5] x^3やx^{17}といったようにもっと高次の累乗に比例する場合、グラフの線はさらに急激に上がっていく（インターネットからグラフ計算機をダウンロードし、方程式を入力して遊んでみれば、直感力を養うことができる）。しかし多項式に従う増加も、そんなに恐れるものではない。累乗の数が大きくなければどうにかなるものだ。

もっと興味深い問題の場合、困難さはさらに急激に増加する。指数関数的に増加するのだ。解くのにかかる時間は、二乗や三乗というようにある一定の数の累乗で増加するのではなく、問題の複雑さをxとしてx乗で増加する。一見何でもない$y = 2^x$という式に従って計算時間が増加する問題を考えよう（図4-4）。複雑さが2の問題なら四単位（二の二乗）の時間がかかり、複雑さが3ならば八単位（二の三乗）、複雑さが4ならば一六単位（二の四乗）の時間がかかる。

ここまではたいしたペースではない。しかし、複雑さが1増えるごとに計算時間が二倍になることに注目してほしい。グラフはすぐにほぼ垂直になる。複雑さが8の場合二五六単位（二の八乗）の時間がかかり、複雑さが1増えて9になると五一二単位の時間

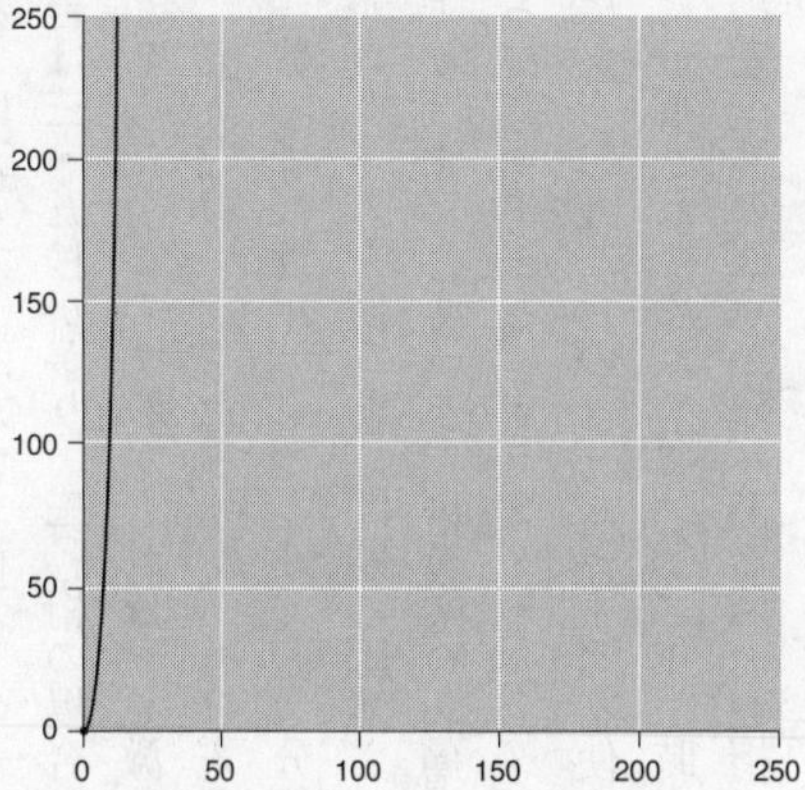

図 4-4　指数関数 $y=2^x$。グラフは最初はゆっくりと増加するが、すぐにほぼ垂直に立ち上がる。x が 10 なら、y は 1,024 となる（グラフの傾きを強調するために、縮尺を縮めてある）。

がかかる。ここですでにグラフの線はほとんど垂直となり、天井を突き抜けている。複雑さ11（二〇四八単位の時間がかかる）の場合の様子を見るには、紙を縦に三倍伸ばし、六〇センチにしなければならない。複雑さが12（四〇九六単位時間）の場合は、一二〇センチの紙がいる。さらにその先、二四〇センチ、四八〇センチ、九六〇センチ……と伸びていき、複雑さ21の問題は八〇〇メートル、複雑さ30の問題は三〇〇キロ以上の紙が必要だ。計算時間が指数関数的に増加する場合、最新のコンピュータでさえすぐにお手上げになってしまう。

因数分解の場合、問題の複雑さはも

との数の桁数に対応する。たとえば計算時間が3^xに比例し、1単位時間が1ナノ秒（一〇億分の一秒）だったとしよう。すると三桁の数では九ナノ秒（三の二乗）、一〇桁の数では五万九〇四九ナノ秒（三の一〇乗）かかる。ほとんど一瞬だ。しかし二〇桁の場合は三・五秒かかり、三〇桁の場合は約六〇時間、そして五〇桁では二三〇〇万年もかかるのだ。この関数がどれほど急激に大きくなるか、そして入力のわずかな増加がいかに膨大な違いをもたらすか、ぜひ電卓で確かめてみてほしい。

数学者は近年、もっと速く因数分解を行なうためのうまい近道を発見した（最良のアルゴリズムを使うと、問題の困難さは「超多項式関数」に従って増大する。多項式関数よりはずっと悪いが、指数関数的増加よりはましだ）。「一般数体ふるい法」と呼ばれる複雑な手法と、オランダ・カナダ・イギリス・フランス・オーストラリア・アメリカにある二九二台のコンピュータを使って、一五五桁の数が五カ月ちょっとで二つの素数に分解されたのだ。二〇〇二年の時点ではこれが最高記録である。ある警備会社は暗号の安全性の観点から、ある六一七桁の数を最初に因数分解した人物に二〇万ドルの賞金を与えることにした(6)。しかし誰もその賞金をもらえるとは思っていない。四〇〇桁の数を因数分解するには、強力なスーパーコンピュータを使っても何十億年もかかると予測されているからだ。

こうした予測は常に外れる危険性がある。どれほど高速なコンピュータが登場するか、誰にも予想はできないからだ。しかしコンピュータの速度などたいした問題ではない。予測の値が一〇〇万倍外れたとしても、まだ何千年もかかる。もし悲観的すぎたことがわかったとしても、さらに数桁増やせば、指数関数的増加は問題を再び手の届かないところに追いやってしまう。

もちろんもっとすぐに答えがほしいのなら、何百万台というスーパーコンピュータをかき集めればいい。スーパーコンピュータが数十億台あれば、四〇〇桁の数を数年で因数分解できる。しかし相変わらず、指数関数的増加が起きることには変わりない。計算時間を短縮しようとすれば、コンピュータを設置するために信じられないほどの敷地が必要となり、いずれは太陽系が埋め尽くされてしまうだろう。

しかしまだ巧妙な方法が残されているかもしれない。ワームホールを使って空間を近道するように、問題の複雑さを減らして大きな数を簡単に因数分解してくれるような秘密のアルゴリズムが、何世紀も知られることなく眠っているかもしれない。しかし現在のところ因数分解は、本質的に解決困難で、コンピュータの限界を超えた問題だ。少なくとも古典物理学の決定論的法則に従って動作するコンピュータに関してはそうだ。最近まで誰も、まったく別の方法があろうとは考えもしなかった。

あらゆるコンピュータの代表である一台のチューリング・マシンを使って、×と○の長大な記号列へ符号化された数を因数分解することを考えよう。機械のヘッドはテープの上を行ったり来たりしながら、あらかじめプログラムされた規則に従って、記号を読んだり、書いたり、消したりする。機械は小さな数から順番に約数候補を一つずつ試し、割ったときに余りの出る数を排除していく。途中結果はテープ上のメモリとして取っておいた部分に記憶し、必要に応じて消したり書き換えたりする。最終的にすべての動作が終了したとき、テープは約数の表が書かれたものへと変わっているはずだ。時間節約のために何台ものチューリング・マシンを同時に動かし、並行して約数候補を試していくこともできる。しかしそれには常に代償が付きまとう。大きな数を扱えば扱うほど、計算時間か機械の台数のどちらかが指数関数的に増大してしまう。

そこで代わりに、量子的チューリング・マシンを使うことにしよう。(7) テープの上の記号は、×か○のどちらか一方にすることもできるし、同時に×と○の両方にすることもできる。古典的機械が操作するのはビットだ。しかし量子的機械が使うのは量子ビット(キュビット)であって、試すべき約数候補はすべて、量子的重ね合わせを使って同時

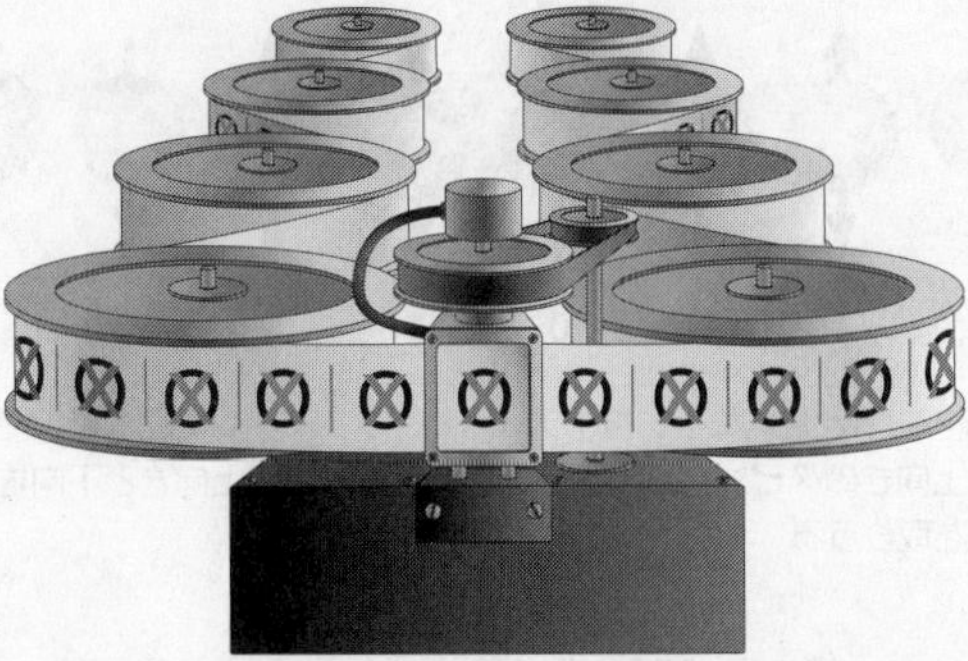

図4-5　量子チューリング・マシン。それぞれの枠は、同時に○にも×にもなりうる。

に一本のテープに符号化できる。そしてすべての候補を一回の動作で同時に試すことができる（図4-5）。

もっと具体的にイメージするために、量子的な×と○を書くためのテープとして、時計回りか反時計回りか（0か1か）で自転する電子を持った原子の列を使うことにしよう。読み書きヘッドとしては、レーザー銃を使えばいいだろう。原子に適当な周波数のパルスを当てると、原子はまるで鐘のように共鳴する。パルスを当てる時間を適当に調節すれば、電子のスピンを1から0へ、あるいは0から1へと反転させることができる。当てる時間をそのちょうど半分にすれば、電子のスピンが上を向く確率と下を向く確率は、それぞれ五〇パーセントずつとなる。つまり、二つの可能性を重ね合わせた状態

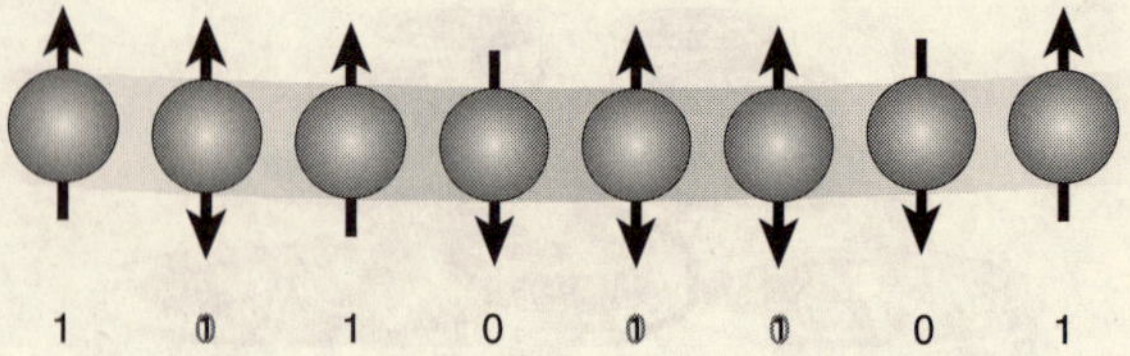

図4-6　もっと現実に近い量子チューリング・マシンの図。それぞれの原子は、上向きのスピンか下向きのスピン、あるいは上向きと下向き両方のスピンを取りうる。

になる。同時に1でも0でもある、Φという状態だ。適切なパルス列を作れば、レーザーを使って入力列を出力列へと変換できる。そして、試すべきすべての約数候補をいっぺんに符号化した記号列を入力すれば、この因数分解問題の答えが出力されるというわけだ。

この奇妙なアイデアを理解するには、さまざまな角度から何度も繰り返し考えるのが一番だ。試すべき約数候補はそれぞれ、ひとかたまりの量子的さざ波、つまり一個の波束として考えることができる。答えを計算するという行為は、レーザー銃を使って波動を操作し、すべての答えの候補を互いに干渉させて、可能性の低い波束を打ち消し、可能性の高い波束を強め合わせることに相当する。そして最終的に波動は壊れ、解が現れる。

あるいは別の比喩を考えよう。さきほど出てきた、鏡の中心に当たる光子の例を取り上げよう。この光子は、鏡に当たる角度と同じ角度で跳ね返る。「多経路解釈」によれば、光子はあらゆる可能な経路を同時に試す。可能な経路は互いに干渉し合い、強め合ったり弱め合ったりし、最後に最も可能性の高い経路が残る。このそれぞれの経路が一つ一つの約数候補に対応している。そして最後に残るのが、因数分解の答えとなる。

この量子的並行処理をどのように解釈しても、指数関数的増加に対抗できる装置を作れるのはまちがいない。古典的コンピュータでは、数が一桁増えるごとに計算時間は何倍にもなった。一五五桁の数の場合、何十台ものコンピュータが何ヵ月もかけて処理しなければならず、数百桁の数の場合、何十億年もかけて、あるいは何十億台ものチューリング・マシンを使って計算しなければならなかった。

量子コンピュータの場合、大きな数を扱うには、単に原子列にキュビットを何個か追加して、すべてを同時に処理すればいいだけだ。計算時間はほとんど増加しない。また別の捉え方もある。原子列にキュビットを一個追加するごとに、同時に処理できる計算の数が指数関数的に増加する。そしてこの指数関数的増加が、装置に有利に働くというわけだ。量子力学はコンピュータに、時間的な近道を提供してくれるのだ(8)。

第5章　難題を解決するショアのアルゴリズム

　ここまでは、さまざまな図を使って徐々に量子コンピュータの本質に迫ってきた。そしてキュビットの書かれたテープを操作する量子的チューリング・マシンの図によって、いよいよ核心に近づいた。しかしさらに詳しく見ていくと、いくつかの問題点が見えてくる。

　古典的なチューリング・マシンは、テープの枠を読み取り、指示表を調べ、それに従って行動する。1が0に書き換えられる場合もあれば、単に消される場合もある。そして読み書きヘッドは、テープ上を右に進むこともあれば左に進むこともある。古典的ビットでは問題は起こらない。しかし量子的チューリング・マシンが処理しなければならないのは、量子ビットだ。そして、重ね合わせ状態を壊さずにキュビットを測定するのは不可能だというのが、量子力学における最も基本的な事実だった。１と０の両方を記録していた枠は、測定を行なうと１か０かにランダムに変化する。量子の手品は失敗し、重ね合わせ状態にあったビットは、パチンコ玉をぶちまけたかのようにバラバラになってしまうのだ。

この問題を回避する一つの方法は、読み書きヘッド自体を量子系の一部であると見なすことだ。Φの書かれた枠に当たると、読み書きヘッド自体が１と０を同時に記録した重ね合わせ状態になる。情報が量子世界に留まるかぎり、測定をしたことにはならない。微妙な重ね合わせ状態はそのまま保たれるのだ。しかしこの様子を図で表すのは難しい。読み書きヘッド自体が量子力学に支配され、同時にいくつもの場所に存在するからだ。そしてヘッドは、同時にいくつもの枠を読み取るという複雑な重ね合わせ状態になる。あまり突き詰めすぎると、この比喩も成り立たなくなってしまう。

現実の量子コンピュータにさらに近づくには、もう一度見方を変えて、計算というものを少し別の角度から捉える必要がある。古典的コンピュータを図式化したチューリング・マシンの絵から、読み書きヘッドを取り除き、テープだけの図にしてみよう。

その結果は、数学者がセル・オートマトン（ＣＡ）と呼んでいるものになる(1)。これは一見単純な装置だが、実は驚くほど複雑な動作をする。まず、テープの枠（セル）を黒

（1）か白（0）で埋めていく。そしてそれぞれの枠は、次のような厳密な指示表に従って近くの枠と相互作用する。「二つ左の枠が黒で、二つ右の枠が白なら、自らを白に変えよ」、あるいは、「左側が白黒白と並んでおり、右側が黒黒白と並んでいれば、自らを黒に変えよ」。こうした規則はいくらでも決められる。装置を作動させると、時計の針が一つ進むたびにそれぞれの枠が近くの枠と相互作用する。そして白黒がチカチカと切り替わり、まるで万華鏡《まんげきょう》のようにパターンが移り変わっていく。

枠の並んだ列がチカチカと移り変わっていくのを見ていても、めまいを起こすだけだ。専門家はこの神秘的な白黒のパターンを見やすくするために、コンピュータのプログラムをいじり、新たな列を前の列の下側に表示していくようにした。当てはめたい規則を選び、枠の初期パターンを入力すれば、時計の針が一つ進むたびにパターンが変化していき、画面がスクロールしていく（いくつかのウェブサイトにあるシミュレータを使って実際に試すことができる[2]）。初期パターンの中には、すぐに単純なパターンの繰り返しに収束し、それを永遠に繰り返すものもある（図5-1）。

あるいは、美しい対照的なパターンをどんどん作り出す場合もある（図5-2）。

そして、めちゃくちゃなパターンを作っていくものもある（図5-3）。

しかし時には、何か謎めいた計画に従って、永遠に複雑なパターンを広げていくこと

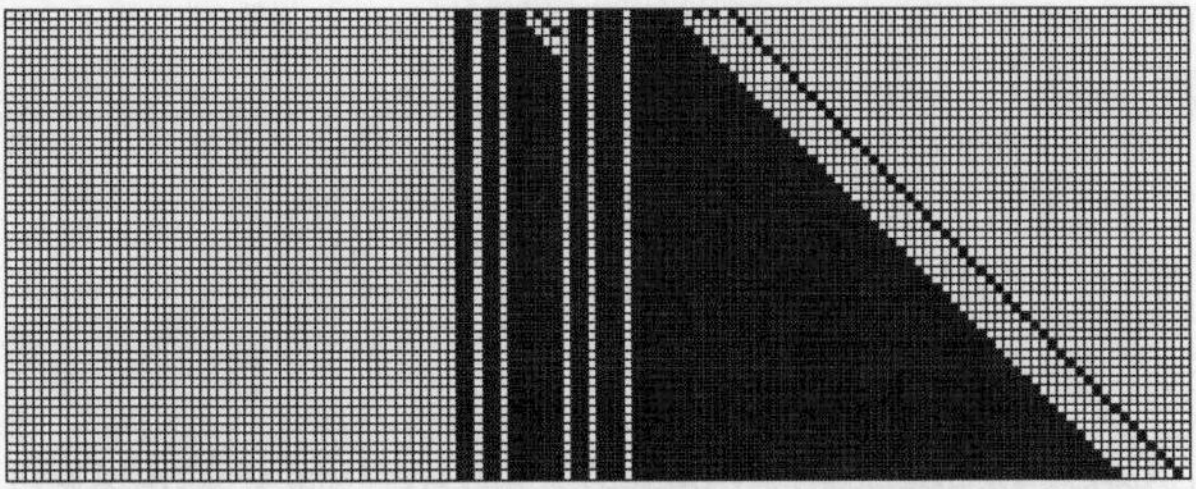

図 5-1　退屈なセル・オートマトン。最初の何ステップかは変動するが、その後単純な繰り返しに落ち着く。

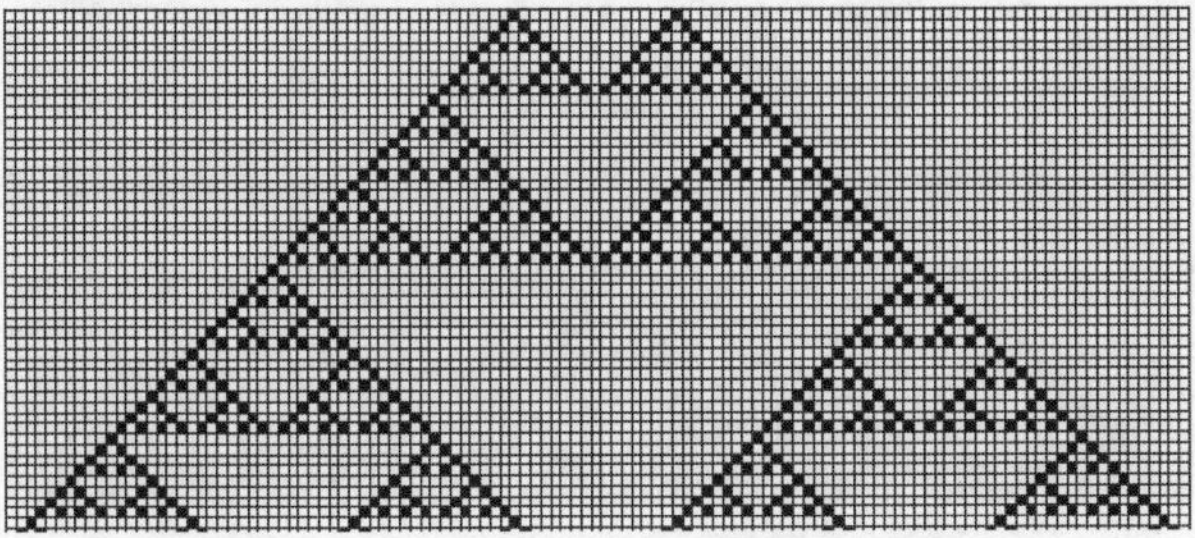

図 5-2　対称的なセル・オートマトン。最初の単純なパターンが、まるで結晶のような美しい出力を生成する。

図 5-3　無秩序なセル・オートマトン。生成するパターンには秩序も規則性もない。

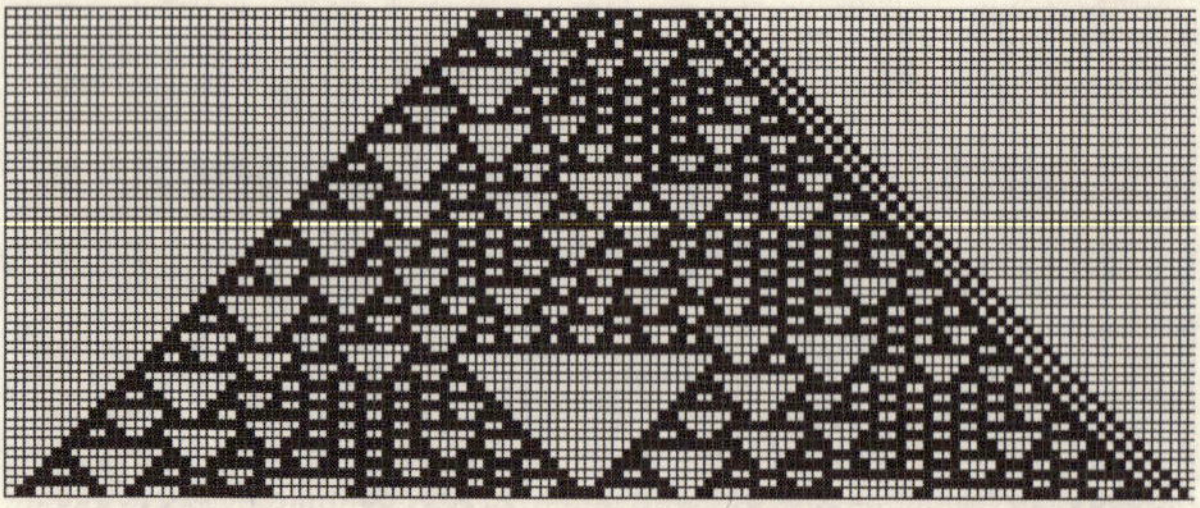

図 5-4　極めて複雑なセル・オートマトン。生成するパターンは驚くべき秩序を持つ。複雑系の証だ。

もある（図５－４）。秩序とカオスの狭間《はざま》にある「複雑系」と呼ばれる状態だ。(3)

コンピュータとは、枠の列を入力として取り込み、それを答えに変換して出力する装置だ。したがって正しい規則を作れば、セル・オートマトンをコンピュータとして使うことができる。足し算をする機械を作ってみよう。入力として、白と黒や１と０を記した枠の列を使う。たとえば２＋３なら、0000000000110111という感じだ。装置はこのパターンを、５を意味するパターン00000000000011111へと変換する（ここでは二進数ではなく、１の個数で数を表現する方法を使った）。もっと複雑な規則を使えば、ある数を表現したパターンを取り込み、何度も変換を繰り返して、最後に白黒の枠の列で表現された因数を出力することもできるはずだ。つまりこの装置は、読み書きヘッドを必要としないチューリング・マシンのようなものなのだ。

技術者なら、このような抽象的装置を実現する方法をいくつも思いつくことができる。片面を黒、反対の面を白に塗ったカードでも作れるだろう。装置の中では、複雑に組み合わされた歯車と滑車によってカードがつながれている。たとえば、左の三枚のカードがすべて黒で、右二つ隣と三つ隣のカードが白ならば、そのカードが白に変わるようになっている。そして、右三つ隣のカードが裏返れば、左三つ隣と右二つ隣のカードもひっくり返る（図５－５）。これは一つの例にすぎない。可能な規則は数限りないのだ。

図 5-5　機械仕掛けのセル・オートマトン。カードの面は一方が黒、もう一方が白になっている。一枚のカードが裏返ると、その近くのカードも裏返る。

電気を使って装置を実現しようとすれば、ランプを導線でつなげ、ジェニアックのようにAND、OR、NOTゲートを組み合わせていけばいい。あるいはティンカートイを使って実現する方法もあるはずだ。

この装置を量子の世界で実現するには、すでにおなじみとなった発想の転換が必要になる。すべての枠は、黒か白のどちらかにもなりうるし、あるいは同時に黒と白の両方にもなりうる。量子的チューリング・マシンと同様、原子を使えばいいだろう。原子の中を回る電子は、時計回りか、反時計回りか、あるいは同時に両方のスピンを取りうる。0か1かΦかだ。

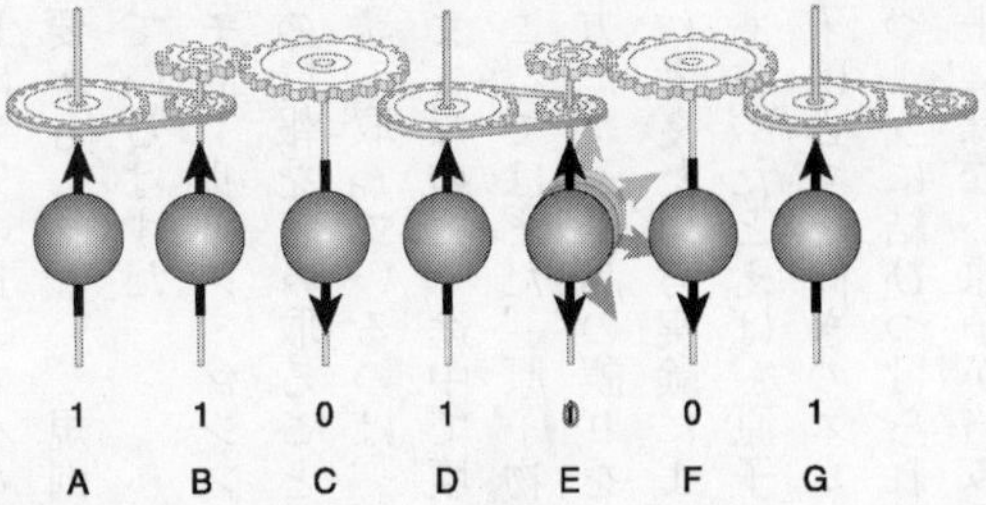

図 5-6　量子セル・オートマトン。前の図のカードと同様、原子は互いにつながりを持っている（絡み合っている）。個々の原子の状態は、近くの原子の状態によって決まる。

再び、ある数を因数分解するとしよう。まず、レーザーで各原子をたたいて重ね合わせ状態を作り、調べるべきすべての約数候補が一つのキュビットの列で表現されるようにする。データを記憶させたら次に、もとの数を各約数候補で割ったときに余りが出るかどうかを調べていく。この操作は、別のさらに複雑なレーザーパルスの列を使って実現できる。このパルス列がコンピュータのプログラムに相当する。

今、各原子をA、B、C、D、E……と呼ぶことにしよう。これらの原子は互いに特別な形で結びついている。原子Cに適当な長さのパルスを当てると、その両隣BかDのどちらか、あるいは両方が状態1にあったときのみ、原子Cは1から0へ、または0から1へと変わる。あるいはDは、両隣のCとEが互いに逆の状態にあったときのみひっくり返る。原子版セル・オートマトンだ（図5-6）。このアルゴリズムには、原子Eに半分の長さのパルスを当て、1と0の重ね合わさった状態にするといった操作も必要かもしれない。規則を正しく選べば、最後に原子の列は解を表現した状態に変換されているはずだ。(4)

チューリング・マシンとは違い、量子セル・オートマトンがレーザーで「テープ」の上の情報を読み取ることはない。単に指令を下していくだけだ。あるキュビットの情報を読み取っているのは、その他のキュビットだけである。情報は量子世界の中に留まったままなので、途中で壊れることはない。

ここではまだ、原子物理学の詳細について考える必要はない。重要なのは基本的な考え方だ。量子論の誤りを暴くために、アインシュタインがローゼンやポドルスキーとともに考えた思考実験によれば、素粒子は互いに絡み合い、永遠に運命をともにすることがある。たとえば、原子Aの中の電子が上向きのスピンを持っていれば、原子Bの中の電子は必ず下向きのスピンを持つ。あるいは二つの電子は、互いに同じ向きのスピンを持つように結びつけられているかもしれない。どちらになるかは原子の種類による。隣同士にはない原子が絡み合うこともある。原子Aが原子Dと絡み合い、原子Eが原子Bと絡み合っている場合も考えられる。古典的なセル・オートマトンの場合、それぞれの枠が従うべき規則は、別に作られた指示表に書かれている。量子セル・オートマトンの場合その規則は、キュビット同士の相互作用の仕方そのものに書き込まれている。そしてキュビットが相互作用することによって、論理演算が実現される。AND、OR、NOTの量子版だ。古典的コンピュータと違って導線は使わない。使うのは原子同士の相互関係だけだ。与えられた問題をキュビットのパターンに符号化し、適切なレーザーパルス列をプログラミングすれば、系は外界から孤立したままで解に向かって変化していく。

最後に一つ工夫が必要だ。計算が終わったとき、解の約数はすべて重ね合わされている。このプログラムに15という数を入力すると、最後には3と5を同時に表現したキュビット列が得られる。ここで系を測定すると、その重ね合わせ状態は壊れる。得られるのは、3か5のどちらか一方だ。しかし問題は完全に解決している。どちらの解が得られたとしても、その数でもとの数を割れば、もう一つの約数が得られるからだ(これは電卓や暗算でもできるだろう)。約数が三つ以上ある場合は、計算し直せばいい。何度計算を行なっても系はいつも同じ重ね合わせ状態で終わり、それを測定すると約数のうちの一つがランダムに得られる。何度も計算を繰り返せば、すべての約数を見つけられるはずだ。

量子セル・オートトンに対するここまでの説明は、その概念をおおざっぱに紹介したにすぎない。読者が直感的に理解できるように、抽象的に話を進め、細かい点は無視した。一九九四年、ベル研究所のピーター・ショアは、量子を使った因数分解を、単なる抽象的概念からより具体的なものへと変えた。しかし、実際に原子を使って量子コンピュータを作ろうとしたわけではない。彼は物理学者でなく数学者だ。ショアは、もし量子コンピュータが実現すれば（それを妨げる物理法則はない）、実際に因数分解のプログラムを作るのが可能だということを示したのだ。さらに、そうした機械は指数関数的増加に打ち勝てることも証明した。因数分解すべき数が長くなっても、計算時間はどんな古典的コンピュータよりもはるかにゆっくりとしか増加しない。宇宙の寿命より長い時間かかるはずだった計算でも、簡単に実行できるのだ。

ショアはこの画期的発見にたどり着くうえで、ちょっとした数学的トリックを使った。数学者は厄介な問題に直面すると、それをもっと簡単な問題に「変換」しようとする。二つの問題が等価な場合、一方を解けばすなわちもう一方も解いたことになる。ドイツの数学者カール・フリードリッヒ・ガウスは、問題を変換する非凡な才能を発揮した。言い伝えによれば、学校の先生があるとき、クラスの全員にやたら時間のかかる課題を出した。1から100までの数をすべて足せというのだ。他の生徒はせっせと、1と2を足して、3を足して、4を足して……と計算していったが、ガウスはもっといい方法を思いついた。1＋100を計算し、次に2＋99, 3＋98……と続け、最後に50＋51とする。しかしすべての足し算を実際に計算する必要はない。どの和も101と等しく、それが五〇個ある。したがって50×101＝5,050となる。

ガウスは、計算時間を節約できるアルゴリズムを発明した。(5) 最初の数と最後の数を足し（1＋100）、それに最後の数の半分を掛けるという方法だ。従来の方法で1から1,000まで足したら、1から100までのときの一〇倍以上の時間がかかるだろう。しかしガウスのアルゴリズムを使えば、単に1,001と500を掛けるだけでいいのだ。一〇〇万までの数をすべて足したければ、1,000,001と500,000を掛ければいい。確かに1から10までの場合よりは時間がかかるだろうが、決して一〇万倍もかかるわけではない。このアルゴリズムを使えば、計算時間は非常にゆっくりとしか増加しない。

近道を探していたショアは、数学者の間でよく知られていた、ある驚くべき事実を活用することにした。数学という複雑な網の目の奥深くに隠されたつながりを使うと、因数分解の問題はまったく異なる問題へと変換できる。その問題とは、ある数字の列において同じ数字が繰り返される「周期」を求めよ、というものだ。たとえば、

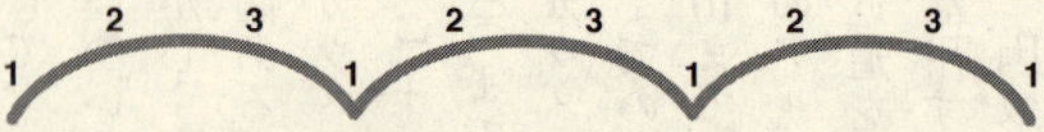

図5-7　数の波。この繰り返しパターンの周期は３である。

123123123という数字列は、三という周期を持っている。波のようなものだと考えればいい（図5-7）。

ある数を因数分解するにはまず、こうした波打つ数列の一つを生成する単純な式に、その因数分解したい数を代入する。この波のリズムには、約数が符号化されている。この方法のミソは、約数を探り出すところにある。音波や光の波に隠されたパターンを解析するときと同様に、この数の波も解析できる。この波を適切なアルゴリズム（数学的フィルター）に通すと、約数がこぼれ落ちてくるのだ。後ほどもっと詳しく説明すれば、もっとはっきり理解できるだろう。とりあえずここでは、もとの数を数学的なプリズムで屈折させると、壁にその約数が投影されるのだと考えておけばいい。

この間接的な方法を使っても、大きな数の因数分解にはまだ膨大な量の計算が必要だ。ショアの発見とは、量子的重ね合わせを使えばこの計算をすべて同時に行なえるというものだ。別の言い方をすると、彼のアルゴリズムを使えば、すべての約数候補を表現した量子的な波を生成でき、それを測定すれば答えが得られることになる。

図5-8　普通の時計。時間の足し算には、通常とは別の算数体系が必要となる。

これが彼のアイデアの概略だ。次の章ではこのアイデアを実際に活用していく（この章の残りを読み飛ばしても、たいして問題ではない）。しかし少し我慢して、ブラックボックスの中をのぞき込み、このアルゴリズムについてもっと詳しく調べていくことにしよう。彼の発見をより深く具体的に理解するには、「時計の算数」とも呼ばれるモジュラ算術について、少し説明しなければならない。難解な数学に思えるかもしれないが、実際は時計を見るのとたいして変わりはないはずだ。

通常使われる数の体系では、整数は0、1、2、3、4、5、6、7、8、9、10、11、12、13、14、15……と無限に続くとされている。7と6を足すというのはつまり、7から出発して6つ右に進むと13にたどり着くという意味だ。一方モジュラ算術では、

図5-9　モジュロ5の時計には、数字が少ない。

時計の文字盤のように周期的な数の体系を使う。

7時に6時間を足すとどうなるか？　13時か？　それは使った数体系がまちがっている。正しい答えを得るには、7からスタートして文字盤の上を6つ進む。すると1にたどり着く。この数体系では、7＋6＝1、10＋4＝2となる。わざわざ指で時計をなぞらなくても、簡単な計算で答えが得られる。通常の方法で10と4を足すと、14になる。14を12（時計盤の数字の個数）で割ると、余りが2となる。これが答えだ。数学者はこれを、10＋4＝2（mod 12）と表現する。

5をモジュロ（法。mod）とする数体系は、5つしか数字を持たない時計に対応する（図5-9）。

文字盤を使えば、4＋5＝4（mod 5）だとわかる。あるいは、4＋5＝9を5で割ってもいい。余りは4だ。別の言い方をすれば、通常の数体系で9と呼ばれる数は、モジュロ5の数体系では4と呼ばれる。では

図5-10　モジュロ15の時計には、数字が３つ余計にある。

33はどうだろうか？　文字盤の1からスタートして、33回針を進めていく。すると3で終わる。したがって、33＝3（mod 5）だ。もっと大きな数の場合、いちいち数えるのはたいへんだ。そこで代わりに、5で割って余りを求めればいい。

モジュラ算術を使って因数分解を行なうには、その因数分解したい数と同じ個数の数字が書かれた特別な時計を用意することから始める。たとえば15を因数分解したければ、15個の数字が書かれた文字盤を使う（図5‐10）。

次にこの数学的仕掛けを使って、数の波を生成する。そしてこの波の周期を解析すると、約数が得られる。そのためには、ちょっと退屈だが非常に単純な操作を繰り返していく。この操作こそが、このアルゴリズムを作るうえで必要不可欠なのだ。

まず因数分解したい数より小さな数を一つ、適当に選ぶ（奇妙に思えるが、最終的にはうまくいく）。たとえば7を選んだとしよう。次にこの数の一乗、二乗、三乗……を計算し、それぞれの数を時計の世界における数へと変換していく。

まず、7の一乗は7だ。そして時計の上で0から数えていくと、モジュロ15ではやはり7となる（あるいはすでに説明したように、7を15で割って余りを調べればいい。15は7より大きいので、7はそのまま余りとなる）。

同じことを繰り返そう。7の二乗は49だ。49割る15は、3余り4となる。こうして数列の最初の二項が得られた。7と4だ。

続けよう。7の三乗は343だ。これを15で割ると、22余り13となる。同様に、四乗では余り1、五乗では余り7となる。

ここから面白いことが起こる。さらに累乗を計算していくと、生成する数列は、7, 4, 13, 1, 7, 4, 13, 1, 7, 4, 13, 1, 7, 4, 13, 1……と無限に繰り返していく。ここで重要なのは、数そのものではなく数列のリズムだ。波の周期4が大事なのだ（図5-11）。

終わりに近づいてきた。この数の波から15の約数を導くには、ちょっと脇道に入って少し計算を行なう。まず、今作った数の波の周期を2で割る。そして、一番初めに適当に選んだ数7の（周期÷2）乗を計算する。つまり、4を2で割って2、そして7の二

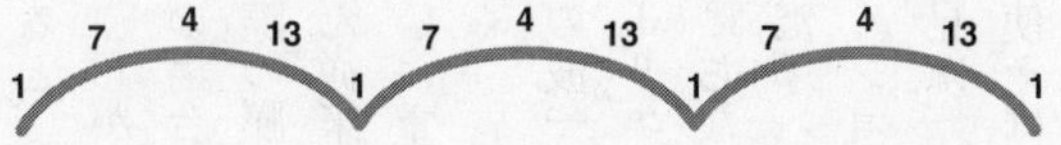

図5-11　周期を見つける。ショアのアルゴリズムでは、数の波を生成しそれを光線のように「屈折」させると約数が見つかる。

乗で49となる。

最後に、49の両隣の整数48と50を取り上げる。そして、この二つの数と、もとの数15との最大公約数を求める。48と15の最大公約数は3、50と15の最大公約数は5だ。すると3と5は実際、15の約数になっている。これで問題は解けた。

最初に選ぶ任意の数を2や11にしても、同じ答えが得られる。異なる数を選べば、異なる数列が生成して異なる周期が現れる。しかし解析が終われば、いつも同じ約数3と5が出てくるのだ（この方法はいつでもうまくいくわけではない。5のような奇数の周期を持つ数列が現れることもある。その場合、その周期を2で割ることができない。しかしコンピュータなら、うまくいくまで違う数を選んでやり直していけばいい）。

15のような小さな数なら、2、3、4で割って割り切れるかどうか調べていくという従来のやり方の方が、ずっと簡単だ。しかしずっと大きな数の場合、試行錯誤よりも時計の算数を使った方が少し速い。このアルゴリズムの計算時間も指数関数的に増加するが、その増加率は試行錯誤のときほど激しくはない。ただその違いはわずかだ。数が大きくなると、計算量はやはり手に負えないほど急激に増加していく。

しかしそれは古典的コンピュータを使った場合の話だ。ショアは、量子コンピュータの場合は時計の算数を使った方が有利になるのではないかと考えた。数の波を生成する際の膨大な計算は、量子コンピュータを使えばすべて同時に処理できるからだ。もちろん従来の方法を使う場合でも、さまざまな約数候補でもとの数を割るという計算は、互いに重ね合わせて処理できるかもしれない（この方法を突き詰めていってもうまくいく）。しかしここでは、ガウスにならって遠回りをすべきれっきとした理由がある。光の波や音波と同様に数の波も、フーリエ変換という強力な道具を使って解析できる（フーリエ変換という名前は、フランスの数学者ジャン＝バティスト・ジョゼフ・フーリエにちなんで名付けられた）。そしてこの道具を使えば、実際に波の周期を求められるのだ。

ショアは、他の研究者が少し前に偶然発見したある事実を覚えていた(6)。当時はその発見は、単なる興味の対象でしかなかった。その事実とは、仮想的な量子コンピュータを使えばフーリエ変換を行なうことができる、というものだ。しかしその方法を説明するのはやめておこう。説明しだすとたいへんなことになるからだ。ここでは次のことを述べておくだけで十分だろう。フーリエ変換とはつまるところ、さまざまな周期を持った一連の波を生成し、そのそれぞれの波と解析したい波が一致するかどうかを一つ一つ確かめていくという操作だ。量子コンピュータを使うと、すべての波を同時に調べることができる。ショアは、この方法を使えば約数を素早く導けるはずだと考えた。

時計のアルゴリズムでは、まず因数分解したい数より小さな数を適当に選び、それをもとにして一乗、二乗、三乗……を計算し、その答えをモジュラ算術に変換する。するとと数列が得られ、その周期から約数を計算できる。一方ショアのアルゴリズムでは、何乗するかを表す数１、２、３、４……をすべて量子的に重ね合わせることから始める。まずこれらの数を二進数に変換し、0, 1, 10, 11, 100, 101, 110, 111, 1000……とする。すでに説明したように、スピンを持った原子の列を使えば、これらのビット列をすべて同時に表現できる。この原子列を「入力レジスタ」と呼ぶことにしよう。

すべての数をひとまとめにしたら、次は適当に選んだ数の累乗を計算していく番だ。ショアは、量子版ＡＮＤ、ＯＲ、ＮＯＴゲートを使ってこの計算を行なう方法を見いだした。レジスタに含まれる原子は、互いに結びつきを持っている。ある原子のスピンが上向きならば、別のどれかの原子は下向きのスピンを持っている、という具合だ。このようにして原子を正しく「配線」し、正しいレーザーパルス列を使えば、時計のアルゴリズムを実行できる。すべての入力値は重ね合わされているので、数の波を得るのに必要な計算はすべて同時に行なうことができる。

次が最も難しい段階だ。この計算の答えも、スピンを持つ原子からなる「出力レジスタ」という形で、すべて重ね合わされて出力される（入力レジスタの各原子は、出力レジスタのそれぞれ対応する原子と「絡み合って」いる。EPR実験で二つの光子が結びつきを持っていたのと同じだ）。15を因数分解するためのパルス列の照射が終わると、得られた数の波、7, 4, 13, 1, 7, 4, 13, 1, 7, 4, 13, 1……に含まれるそれぞれの数は、出力レジスタ上で重ね合わされた状態になっている。

最後にすべきはこの周期を知ることだ。出力レジスタを測定すると、数列中の数の一つ、たとえば7へとランダムに壊れる。これだけでは何にもならない。しかし二つのレジスタは互いに絡み合っているので、同時に入力レジスタも部分的に壊れる。入力レジスタは、7を出力するような累乗数、1, 5, 9, 13, 17, 21……だけを重ね合わせた状態へと変化するのだ。

これらの数はあるパターンを持っている。この数列は4ずつ増加している。つまりこの数列は、出力された数列とまったく同じリズムを刻んでいることになる。そして最後にこの数の波を測定する。量子コンピュータは最後のパルス列を照射し、フーリエ変換

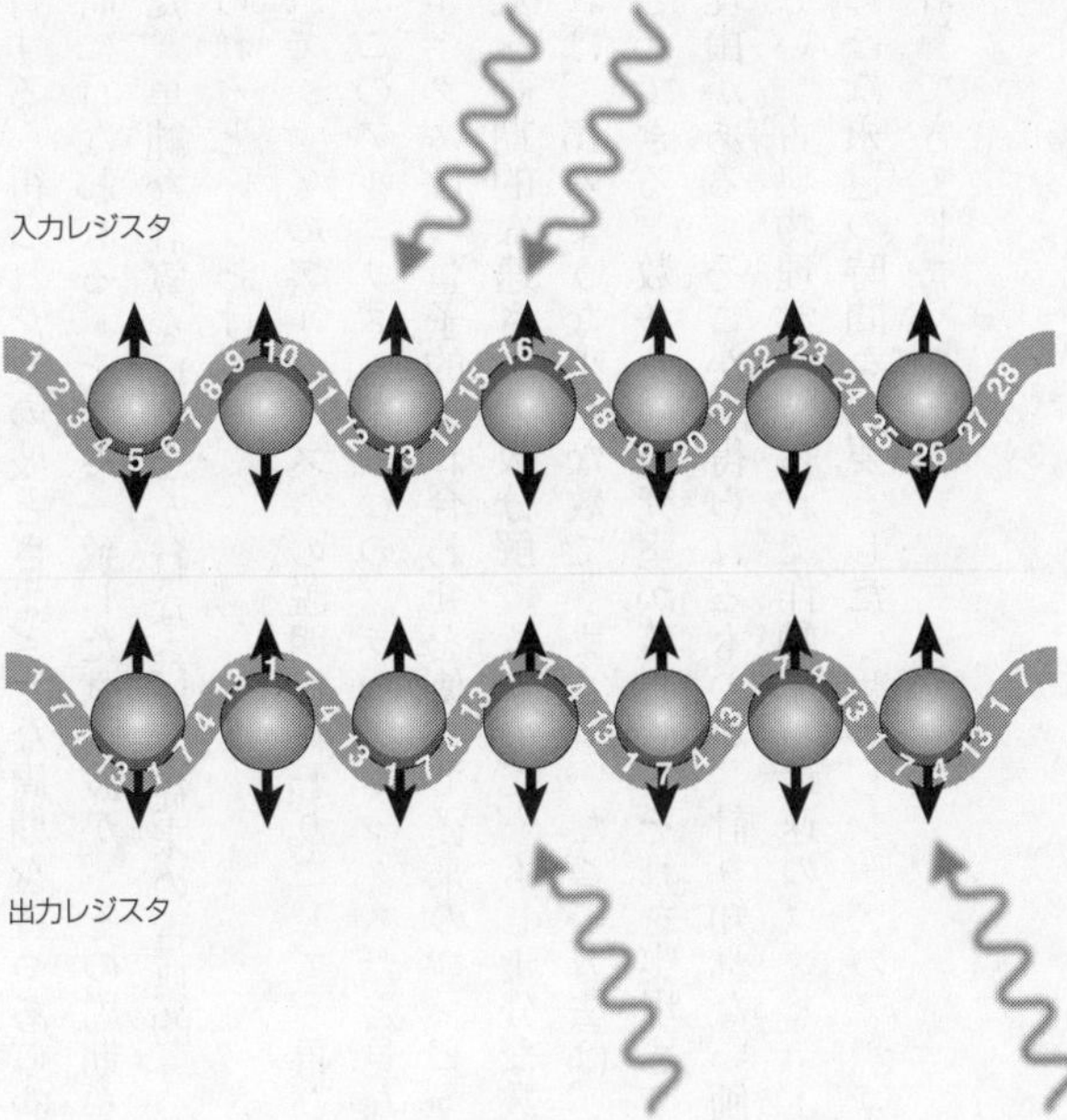

図 5-12　ショアのアルゴリズム。第一のレジスタの原子列は、すべての整数、1、2、3……を重ね合わせて表現する。適切なレーザーパルス列を照射すると、入力が変換されて第二のレジスタに出力が現れる。

を実行する。得られた数の波とさまざまな周期を持つあらゆる試験波との比較が、すべて同時に行なわれる。そして一致した試験波が、その周期を教えてくれる。後は単なる算術だ。単純な計算をいくつか行なえば（従来の古典的コンピュータで可能だ）、約数が得られるというわけだ。

これでショアのアルゴリズムの説明を終わりにして、再び話の本筋に戻ろう。これ以降は、このアルゴリズムを一つのブラックボックスだと見なすことにしよう。このブラックボックスは、量子的重ね合わせを使って従来のコンピュータの困難を解決し、あらゆる数を画期的な速さで因数分解できるのだ。もし十分な数の原子をキュビットとして使えれば、15のような小さな数でうまくいったこの方法は、そのまま大きな数にも用いることができる。数多くの研究室が苦心してそれを実現させようとしているのには、大きな理由がある。そこから得られるものが、計り知れない価値を持つからだ。思い出してほしい。古典物理学に縛られて作動する最速のコンピュータでは、数百桁の数の因数分解にほぼ永遠の時間を必要とした。しかしショアのアルゴリズムを使えば、それを数分で計算できてしまうのだ。

第6章　公開鍵暗号を破る

もし仮に、因数分解に興味を持っていたのが純粋数学者だけだったとしても、ピーター・ショアの論文はやはり、ちょっとした物議を醸《かも》していたはずだ。量子コンピュータで何ができるかを探るのは、理論家にとってわくわくすることだ。しかし、ショアが因数分解のアルゴリズムを発見するまでは、現実に量子コンピュータを作る意義はあまりなかった。技術的困難さを考えればなおさらだった。たとえそうした奇妙な装置が完成しても、ティンカートイ製のコンピュータで不可能だったことができるようになるとも思えなかった。しかし今や科学者は、量子コンピュータがその威力を発揮できるような問題、因数分解問題の存在を知ったのだ。

ところがこの問題は、単なる数学的興味だけに終わることはなかった。軍事的極秘文書からインターネットで送信するクレジットカードの番号まで、社会で使われているさまざまな秘密情報は、大きな数の因数分解がほぼ不可能だ、という事実にもとづいて作られた暗号によって保護されている。暗号を破ることはすなわち、非常に大きな数を素因数に分解することに他ならないのだ。しかし、それは文明の終焉《しゅうえん》まで計算を続けても不可能だと考えられている。保護されている情報を傍受した盗聴者は、きわめて困難な作業に直面することになる。何百万年も何十億年も、試行錯誤で計算を続けなければならないからだ。しかしもし量子コンピュータが実現すれば、この障害はきれいさっぱり取り払われてしまう。

量子コンピュータによって突如信頼性を揺るがされたシステムは、「公開鍵暗号《こうかいかぎ》」と呼ばれている。このシステムは、秘密情報を系統的に読めない形に変換するという、何世紀も前から使われてきた方法を発展させたものだ。古代からすべての暗号は、同じアイデアにもとづいて作られてきた。保護したい情報（「平文《ひらぶん》」と呼ばれる）をある明確に定義された手順で変換すると、「暗号文」ができあがる。そして同じ手順を逆に実行すれば、もとのメッセージが復元される。暗号化の手順「鍵」としては、たとえばaをb、bをc……というように、各文字を次のアルファベットに置き換えるといった、単純なものが使われているかもしれない。この場合、〃quantum〃は〃rvbou vn〟に変換される。あるいは、各文字をランダムに選んだ別の文字に変換するという方法も考えられる。c→r、o→a、d→b、e→xとすれば、〝code〟は〝rabx〟に変換される。

このような単純な暗号は、鍵がなくても簡単に解読できる。盗聴した暗号文に最も多く登場する文字がxだとわかれば、それはおそらくeを変換した文字だろう。英語で次に多く現れる文字はt、三番目はaだ。これはかなり有効な手がかりになる。文字の組み合わせを解析すれば、さらに手がかりが得られる。eeやooのようによく二回繰り返して現れる文字もあれば、wのようにめったに繰り返されない文字もある。母音の文字はどんな文字の前後にも現れるが、子音の文字は特定の文字の前後に現れることが多い。たとえば、qはuの前にしか登場しない。また、hはよくeの前に現れるが、eの後に現れることはほとんどない。サイモン・シンは著書『暗号解読』(1)の中で、「英語のすべての文字は、それぞれ違う個性を持っている」と書いている。暗号文が長いほど、解析はしやすくなる。

置換法に代わる暗号技術として、転置法がある。文字そのものは変えない代わりに、送信者と受信者しか知らない手順に従って文字を並べ替えるというものだ。たとえば一番目の文字と三番目の文字、五番目の文字と七番目の文字……を入れ替えていく。この暗号を破るのは、文字を並べ替えるパズルを解くようなものだ。ただこの場合、文字を並べ替える手順は明確に決められている。

このような単純な暗号は、授業中に手紙をやりとりする分には確かに都合がいいかもしれない。しかし政治や金融に関する秘密情報を安全に送るには、もっと巧妙な方法を考えなければならない。最も安全な方法は、たとえばAを01に、Bを02に、Cを03に……というようにメッセージを数字の列に変換し、生成した数をランダムに選んだ第二の数と足し合わせるというものだ。

"breaking the code"という文をこの方法で変換してスペースを削ると、次のようになる。

0218050111091407200805031504 05

これをランダムに生成した数と足し合わせると、暗号文が完成する。

平文　021805011109140720080503150405

＋

ランダムに生成した数　365097237074390827812398753468

←

暗号文　386902248183531547892901903873

この暗号文をもとの文に復元できるのは、引き算すべき正しい数を知っている人だけだ。この鍵が完全にランダムでしかも平文と同じ長さの場合、使った鍵を捨ててしまえば、この暗号は絶対に破られない。しかし、鍵を使い回したり、一つの平文に短い鍵を繰り返し当てはめたりすると、盗聴者はコンピュータを使ってパターンを探し、手がかりとなりうる統計的規則性を見つけてしまうかもしれない。

暗号を破られにくくするには、もっと複雑な方法を使えばいい。たとえば、まずもとのメッセージの前半と後半とで別々の鍵を当てはめる。そして前半と後半を入れ替え、全体を再び暗号化する。コンピュータが開発された大きな理由の一つは、このような多段階の暗号化をより素早く効率的に行なわせることだった。世界中の政府や企業で一般的に使われている暗号システムは、DES（データ暗号化標準）と呼ばれている。まずもとの文章を数に変換し、それを二進数の暗号に変換する。生成した1と0の長い列をブロックに分け、その順序を入れ替える。生成した数を再びブロックに分け、暗号化し、順序を入れ替える。これを何度も繰り返す。この方法はドーナツの生地をこねるのに喩えられる。

この操作を行なうにはさまざまな方法がある。もとのメッセージをぐちゃぐちゃにする方法の一つとして、二進数で五六桁の数を使うものがある。これは、誰もが欲しがるきわめて頑丈《がんじょう》な鍵となる。送信者は、もとの文章を暗号化する際に鍵を一つ（二の五六乗、つまり七京二〇〇〇兆通りの中から）選び、それを暗号化ソフトに入力する。平文のこね上げが終わると、暗号文が出力される。それを受け取った受信者は、自分のDESソフトに暗号化のときと同じ鍵を入力する。すると逆変換が行なわれ、もとの文章が得られるというわけだ。さらに安全性を上げるには、それぞれ異なる鍵を使ってこのアルゴリズムを三回実行すればいい。この方法はトリプルDESと呼ばれている。

もとのメッセージをいくら厳重に隠せたとしても、これらの暗号にはすべて致命的な欠点がある。送信者が受信者に秘密の鍵を知らせるときには、それが他人の手に渡らないように注意しなければならないのだ。そもそも暗号を使うのは、通信が傍受されるかもしれないと恐れているからだ。だとしたら、どうして鍵は安全に送れると言い切れるだろうか？　もちろん鍵自体を暗号化することもできるが、それには鍵のための鍵が必要となり、きりがなくなってしまう。何世紀にもわたって秘密保持に関する最大の難問でありつづけたのは、暗号化と復号化のための指示表をどうやって安全に取り扱うかと

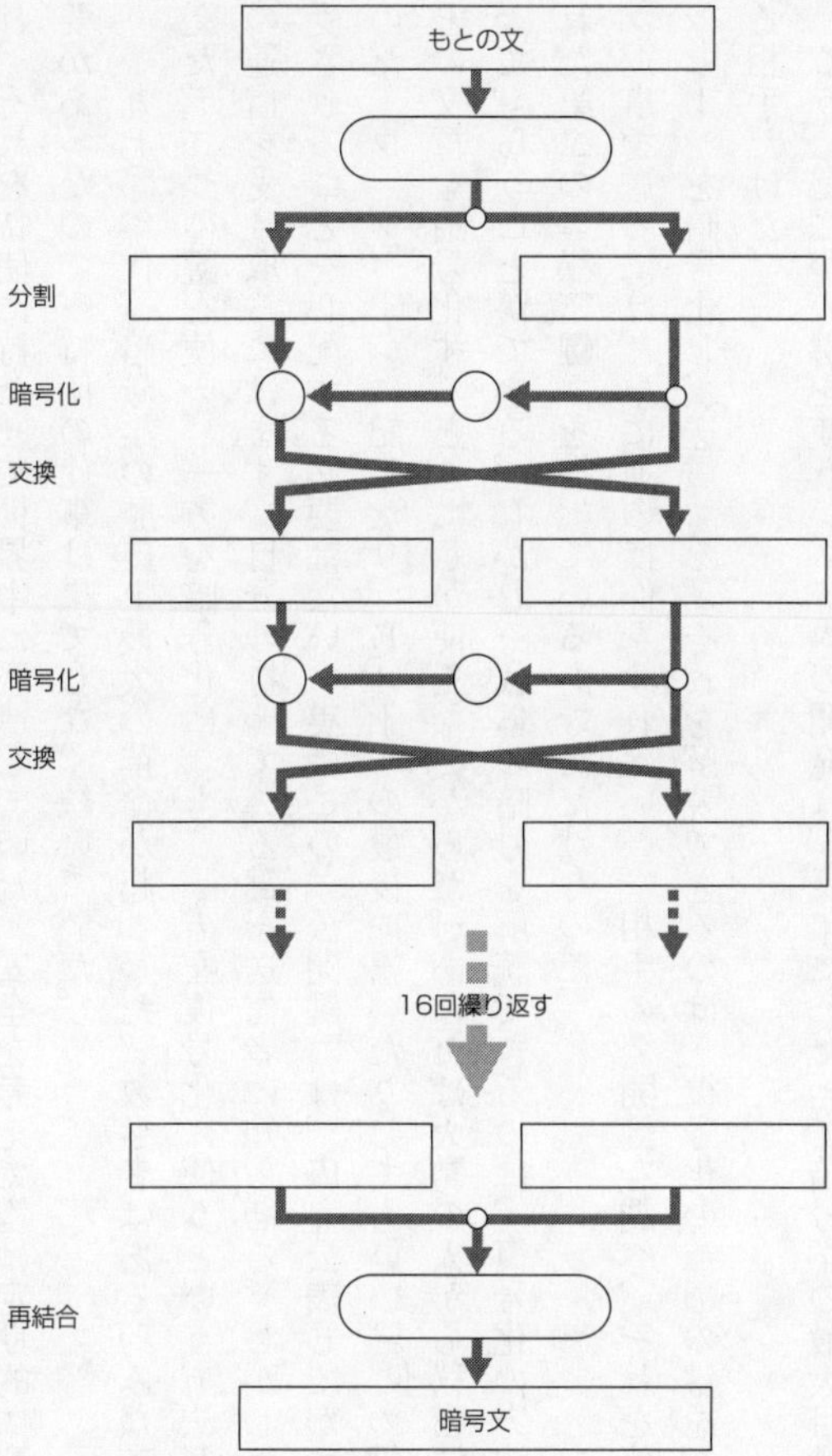

図 6-1　複雑なデータ暗号化標準における手順のフローチャート。機密情報を保護するのに用いられる。

いうことだった。銀行や政府機関は、暗号化に用いる最新の鍵をロックのできる鞄《かばん》に入れ、それを特使に持たせて世界中に派遣していた。安全を考えて鍵は定期的に変える必要があったので、特使の仕事は果てしなく続いていた。

一九七〇年代、暗号学の歴史上最大の革命が起こった。数学者はある巧みな方法を考えた。二つの鍵を使い、一方を暗号化に、もう一方を復号化に使うという方法だ。秘密の通信を受け取るにはまず、自分の持っている鍵を送信者に知らせる。しかしそれが傍受されることを心配する必要はない。実はこの「公開鍵」は、広く公表してかまわないのだ。ウェブページに記したり、Eメールの最後に書いたりしてもいい。この鍵は、もとの文章を暗号化するときにしか使えないからだ。あなたは大勢の人から秘密情報を送ってもらうことができる。しかしそれらの暗号を解読できるのは、復号化の方法が記された第二の「秘密鍵」を持っているあなただけなのだ。

返事を送るには、単に逆の操作をすればいい。相手の公開鍵を調べ、それを使ってメッセージを暗号化し、送信する。それを解読できるのは、復号化のための鍵を知っている相手だけだ。

こうした二つの鍵を使うシステムの開発は、長年にわたって暗号学の最大目標だった。しかし誰もその方法を思いつけなかった。そもそも復号化の方法は、どうしても暗号化の方法と関連していなければならない。公開鍵を解析しても復号化のための秘密鍵を得られないようにするには、どうしたらいいのだろうか？

解決の手がかりは因数分解だった。公開鍵を作るにはまず、二つの大きな素数をランダムに選び、それを掛け合わせる（実際は暗号化ソフトが自動的にやってくれる）。そして暗号化アルゴリズムが、この生成した巨大な数からあなたの公開鍵を作り出す。この鍵を使えば、誰でもあなたに秘密の文章を送ることができる。暗号化ソフトにその鍵を入力すれば、暗号文が出てくる。しかしその秘密のメッセージを解読するには、もとの二つの素数が必要なのだ。この二つの素数があなたのコンピュータからどこかに送られることは決してない。理論上はこの二つの素数は、公開鍵に埋め込まれた大きな数から求められる。しかしそれには因数分解をする必要がある。鍵が十分長ければ、因数分解には膨大な時間がかかる。

発明者のロナルド・リヴェスト、アディ・シャミア、レオナルド・エーデルマンの頭文字を取ってRSAアルゴリズムと名付けられたこの強力な方法は、暗号の世界を一変させた(2)。暗号化と復合化の両方に使う鍵の安全性に煩《わずら》わされることなしに、簡単に秘密情報を送ることが、ついに可能となったのだ。唯一ショアの発見が、その安全性に影を落としている。RSA暗号は、コンピュータが古典物理学の法則に束縛されているという事実をよりどころとしている。もし量子コンピュータが動き出せば、その安全性は覆される。盗聴者が暗号文を手にしたら、単に公開鍵を持ってきて、因数分解のアルゴリズムをプログラムした量子コンピュータにそれを入力するだけでいいからだ。強力なRSA暗号には通常、一〇進数で三〇九桁の公開鍵が使われている。これを二進数に変換すると、1と0が一〇二四個並ぶ。したがって盗聴者は、一〇二四キュビットの量子コンピュータ、つまりスピンを持つ原子や素粒子を約一〇〇〇個必要とする（エラー訂正のための回路などを考えるとさらに多くのキュビットが必要になるが、とりあえずここでは考えなくていい）。盗聴者の薄暗い部屋の中では、量子コンピュータがすべての約数候補を重ね合わせて同時に調べ、それを測定して答えを導くことになる。

量子コンピュータが最も強力な暗号を破る可能性を持っていることがわかったため、人々はぜひそれを実現したいと思うようになった。ショアのアルゴリズムが発表されると、国防省や国家安全保障局、全米科学財団などの団体が、研究資金をばらまきはじめた。しかし、量子コンピュータの応用面より、その科学的性質に興味を持つ理論家たちにとって、ショアのアルゴリズムは研究の端緒にすぎなかった。ビットをキュビットに置き換えて物理世界の深層構造を利用すれば、他に何が可能になるのか、彼らはそれを知りたがったのだ。

科学者はすでに、量子コンピュータが可能にしてくれる事柄をいくつか発見している。昔ファインマンが夢見た、素粒子の振る舞いを計算するのに量子コンピュータを使うというアイデアには、今や誰も疑いを差しはさむことはない。量子システムは別の量子システムをシミュレートできるからだ（ＭＩＴの研究者セス・ロイドは一九九六年発表の論文の中で、理論的にそれが可能だということを証明した）[3]。また、量子コンピュータは完全な乱数を生成することもできる。これは古典的コンピュータには不可能だ。そもそもコンピュータは、完全に予測可能な形で動作するように設計されている。ランダムに動作しだしたら、修理するか捨ててしまうかだ。サイコロ投げや暗号生成のプログラムの中で、予測不可能な数列が必要になったときには、たいていの場合「擬似乱数《ぎじらんすう》」と呼ばれるもので我慢せざるをえない。擬似乱数は完全に再現性のある規則的な手順で生成されるが、一見したところ何も規則性がないように見える[4]。

その手順とは次のようなものだ。まず、現在の日時や最後に叩いたキーなどから取った任意の値を、「種《シード》」として使う。そしてこの数をあるアルゴリズムに入力すると、一見何も規則性を持たないような数列が出てくる。数学者ジョン・フォン・ノイマンが二○世紀半ばに提案した、世界初の擬似乱数生成アルゴリズムは、「平方採中法《へいほうさいちゅうほう》」と呼ばれている。まず任意の数を二乗する。その両端の数字を取り除いた数が、乱数列の最初の数となる。それを再び二乗し、両端の数字を取り除く。これが第二の乱数だ。たとえば種が156だったとしよう。この二乗は24,336、その両端の数字を取り除くと433となる。これを二乗すると187,489となり、再び両端を除くと8,748となる。この乱数列の続きは、5,275、8,256、1,615となる。

結果は確かにランダムに見える。しかしこの手順には再現性がある。このアルゴリズムに同じ入力を与えると、いつでも同じ数列が出てくるのだ。これを暗号に使ったとしよう。暗号破りがこの手順を開始する種を見つければ、まったく同じ鍵を作ることができる。実は平方採中法は、擬似乱数としてはあまり適した方法ではないことがわかっている。より高度な方法では、時計の算数のような別の技巧が使われている。しかしどの方法も、根本的には同じ問題を抱えている。同じ種からは同じ「乱数」しか得られないのだ。

たいていの目的には擬似乱数で十分だ。しかし時に科学者は、真にランダムな数を必要とすることがある。そんなときは量子力学が頼りとなる。量子コンピュータは、素粒子の世界が持つ不確実性を利用して、完全にランダムな数を生成できるのだ。二〇個のキュビットは、二の二〇乗、つまり一〇〇万種類以上の二進数を重ね合わせて表現できる。このキュビット列の波動関数を測定すれば、すべての可能な数がそれぞれ同じ確率で得られる。測定を繰り返せば、再現不可能でかつ互いに無関係な乱数列が吐き出されてくる。

乱数を生成するためだけに本格的な量子コンピュータを欲しがる人はいない。もっと簡単な方法があるからだ。最近ジュネーブのある企業（キャッチフレーズは「お望みどおりに真の乱数を」）が、「プラグ・アンド・プレイ」の量子乱数生成装置の販売を開始した[5]。この留守電装置程度の大きさの箱の中では、光子がハーフミラーに向かって照射され、反射するか透過するかどちらかの道をたどる。この「選択」はランダムだ。生成したビット列は、通常のUSBケーブルを使ってパソコンに送ることができる。

他にもさまざまな方法が考えられる。放射性核種のランダムな崩壊を検知して鳴るガイガーカウンターは、予測不可能なリズムを刻む。これをうまく使えば乱数を生成できる。少し大げさだが、ガイガーカウンターと放射性物質の組み合わせは、たった一つの仕事をこなす量子コンピュータだとも言える。パターンを持たないリズムを生成するという仕事だ。

量子コンピュータの使い道をさらに広げる方法が見つかったのは、比較的最近のことだ。一九九六年、ベル研究所のもう一人の研究者ロヴ・グローヴァーが、量子力学を使えば膨大な情報を高速で検索できることを示した。(6) 情報検索の問題は、古典世界に閉じこめられたコンピュータを悩ませつづけてきた。インターネット上のウェブページや、データベース上の人名、あるいは最適なチェスの手など、情報検索はコンピュータにとって不可欠な作業だ。コンピュータがチェスで人間に勝つには、チェス盤を読み取って膨大な数の可能な手を解析しなければならない。ポーンをここに動かしたら、相手はどう打ち返してくるか、それにはどう対応したらいいか、さらにそれにはどう打ち返してくるか……? ポーンを別の場所に動かしたら? 選択肢は急激に広がっていき、「ゲーム木」と呼ばれる迷路のような図ができる。

許された時間の中でコンピュータは、ゲーム木の密林をできるだけ深くまで探索し、数多くの帰結を比較しなければならない。そして最も有利と思われる手を選び出さなければならない。コンピュータが高速になればなるほど、密林をより深くまで調べることができる。しかしそれでも、ゲーム木の大部分は探索されないままで終わる。情報理論を発明した数学者クロード・シャノンは一九五〇年に、典型的なチェスの試合ではおよそ一〇の一二〇乗通りの選択肢があると概算した。(7) 宇宙に存在する原子の数よりもはるかに多いのだ。シャノンの計算以降の技術的進歩も、ほとんど足しにはならない。毎秒

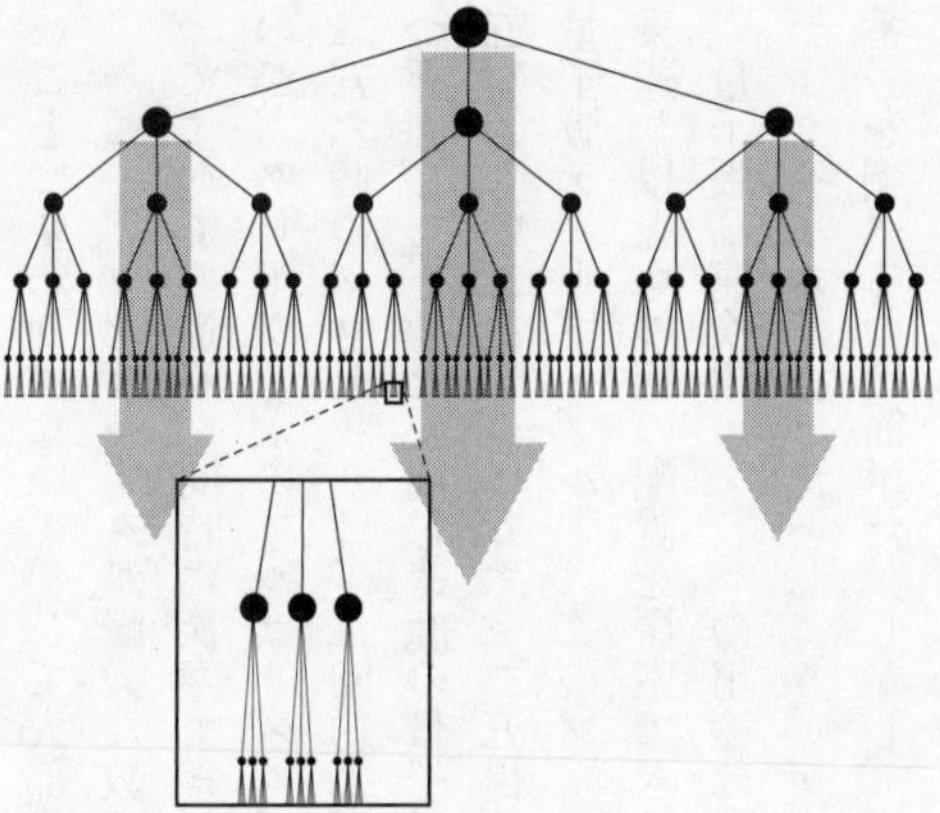

図 6-2　単純なゲーム木の一部。それぞれの手に対して膨大な手が可能で、そのそれぞれに対しても膨大な手があり……。

一兆通りの選択肢を調べられるコンピュータがあったとしても、試合を完全に解析するには一〇の一〇〇乗年以上もかかる。宇宙の寿命などそれに比べたら一瞬だ。

世界最速の古典的コンピュータでさえ、一度に一つのデータしか処理できないという逐次《ちくじ》処理的性質に阻《はば》まれてしまう。ＩＢＭのディープ・ブルーのような最強のチェス専用コンピュータは、複数の演算を同時に処理する方法をとっている。一九九七年、コンピュータがチェスのチャンピオン、ガリー・カスパロフに勝ったときには、二五六個のプロセッサを並行して使い、次の手までの三分間に六〇〇億通りの選択肢が調べられた。二五六四のネズミがいっせいにゲーム木の迷路に押し寄せる様子を想像してほしい。確かに一匹よりはましだが、それでも膨大な情報を一つ一つ順番に処理していかなければならないことに変わりはない。そして大部分の探索はあきらめなければならない。

そこで、コンピュータが膨大な数のネズミを迷路に送り込み、量子的重ね合わせを使ってすべての道筋を同時に探索できたらどうだろうか？　こうした可能性をもたらしたのが、グローヴァーのアルゴリズムだった。カスパロフとの試合でディープ・ブルーの二五六個のプロセッサは、毎回約二五〇〇万通りの駒の配置を考慮し、それらを一つ一つ評価していった。同じ速度の量子プロセッサは、量子力学のおかげで同じ時間内に二五〇〇万の二乗、つまり六・二五掛ける一〇の一四乗通りの駒の配置を探索できるのだ。量子版ディープ・ブルーにこのプロセッサを二五六個搭載すれば、三分間で一〇の一七乗通り以上もの駒の配置を探索できる。古典版ディープ・ブルーの一〇〇〇万倍だ。

量子版高速検索エンジンの用途は果てしない。世界中の人名と電話番号が納められたデータベースがあったとしよう。データは名前のABC順に並んでいる。名前から電話番号を調べるのは簡単だ。しかし、電話番号がわかっていてそれが誰のものかを知るには、データを一つ一つ調べていかなければならない。運が良ければすぐに見つけられるだろう。しかし運が悪ければ、一番最後まで調べていかなければならない。

一つの項目を見つけるには、平均してリストの半分を調べる必要がある。探している項目が一番最初にある可能性と、一番最後にある可能性は等しいからだ。プロセッサが二つあれば、先頭と最後から検索を始めることで、かかる時間を半分にできる。プロセッサが四つなら、四倍の速度で処理できる。しかし、グローヴァーのアルゴリズムをプログラムした量子コンピュータなら、すべての電話番号を重ね合わせて同時に調べることができる。

グローヴァーのアルゴリズムは、ソートされていない情報の山をどうやって超高速で調べていくのか？　それをおおざっぱに説明すると次のようになる。長いキュビット列を使えば、すべての情報を重ね合わせたままにしておける。そしてこのキュビット列に適切なレーザーパルス列（グローヴァーのアルゴリズム）を照射すれば、いっぺんにすべての情報を解析できる。これで説明は終わりだ。しかしショアの因数分解のときと同様、グローヴァーの発見についてももう少し詳しく見ていくことにしよう。このブラックボックスにかけられた覆いも、何枚かなら外すことができる。詳しく調べれば面白いことがわかってくるはずだ。そのためには、単純な計算と、アルゴリズムを一つ一つたどっていく忍耐力があれば十分だ。調べを進めていけば、量子力学の可能性をより深く味わえるだろう。

ここまで本書では、量子的重ね合わせという概念を説明するうえで、数多くの可能な帰結を一つ一つ表現した波束を組み合わせる、という比喩を使ってきた。しかし実際はもう少し複雑だ。原子核の周りを回る電子の場合、それぞれの波束は、測定したときにその電子が見つかりうる場所の中のどこか一ヵ所を表現している。そしてその場所で電子が見つかる確率は、その波束の高さ、つまり「振幅《しんぷく》」で表現される。振幅とは音の大きさのようなものだ。読者の中には、振幅の値そのものが確率（一〇〇分の一といったような値）に等しいのだろうと思った人もいるかもしれない。しかし実際には、振幅の値は確率の平方根になる。確率を求めるには、振幅を二乗しなければならない。もし波束の高さが一〇分の一なら、それが実現する確率は一〇分の一の二乗で一〇〇分の一となる。一〇〇回に一回、一パーセントだ。

この振幅と確率との関係は、実はとても興味深い。確率は常に正の値だが（負の確率など無意味だ）、振幅は正にも負にもなりうる。水平線の上に山のようにそびえる波束は、正の振幅を持っている。しかし波束は水平線の下に谷を作り、負の振幅を持つこともある。最大値を一〇として、ある出来事の起こる確率が九ならば、その波束の振幅は三あるいはマイナス三となる。どちらの値を二乗しても、答えは同じだ(8)（図6-3）。

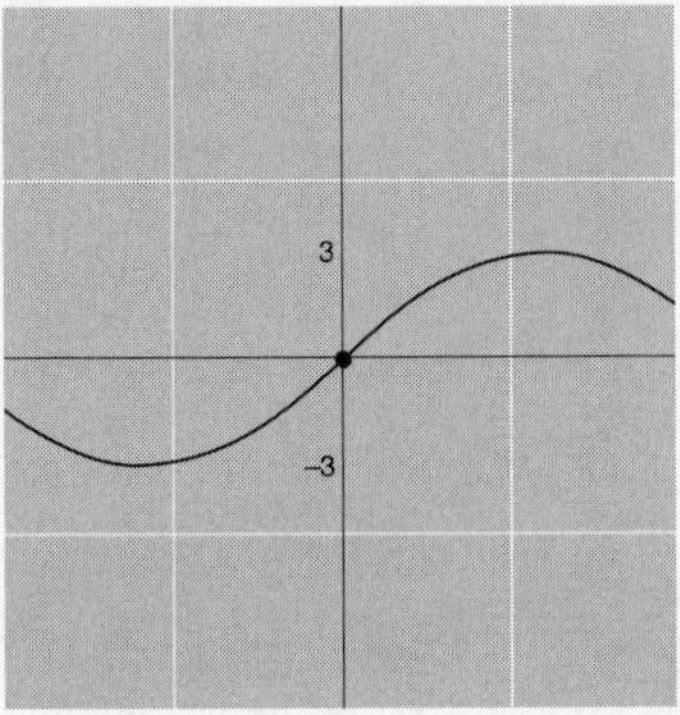

図6-3　量子的事象の確率。振幅が(最大値を10として)3か−3の場合、その確率は9となる。

ここで重要なのは、正の振幅を持つ波束と負の振幅を持つ波束が出会うと、山と谷が重なり合って互いに打ち消し合ってしまう点だ(この事実から量子力学の奇妙な帰結が数多く導かれる)。たくさんの可能性を量子的に重ね合わせた状態が壊れ、結果が一つだけ現れるときに起こるのは、まさにこのことである。たくさんの可能性を持っていた粒子が、壁に衝突したり、測定にかかったり、攪乱されたりすると、負の振幅を持つ波束と正の振幅を持つ波束が足し合わされて互いに打ち消し合い、観測可能な世界で実現するたった一つの波束だけが残るというわけだ。

グローヴァーのアルゴリズムは、この現象を利用して、情報の山を高速で検索する。初めにすべてのデータを1と0に符号化し、それらを量子的に重ね合わせる。それを実現するには、レーザーパルスを使って原子のスピンを反転させていけばいい。そうすれば、データの一つ一つを表現した量子的波束が重ね合わされた状態が得られる。次にこの系をいじり、正の振幅を持つ波束と負の振幅を持つ波束が互いに打ち消し合うようにする。すると最後に残るのは、探していたデータを表現した波束だけになるわけだ。

このアイデアの要点だけを簡単な例を使って説明すると、次のようになる。一六人の競輪選手とその順位（二進数に変換してある）を記した表があるとしよう。優勝者00001はジーナ、第六位00110はポール、最下位（第一六位）10000はロリーだ。

エイミー（Amy）	00010	イアン（Ian）	00101
ベティー（Betty）	00111	ジョン（John）	01000
キャリー（Carrie）	00100	キャサリン（Katherine）	01110
デヴィッド（David）	00011	ロリー（Lolly）	10000
エリー（Ely）	01101	マリアン（Marianne）	01100
フランク（Frank）	01010	ニーナ（Nina）	01001
ジーナ（Gina）	00001	オリバー（Oliver）	01011

ハリー（Harry）　01111　ポール（Paul）　00110

この表を見れば、マリアンが一二位01100でニーナが九位01001だというのはすぐわかる。名前はアルファベット順に並んでいるからだ。しかしたとえば一四位が誰かを知るには、少し面倒なことになる。この表は小さいのでそんなに面倒ではないが、人数が一〇〇人や一〇〇〇人だったらどうだろうか？

グローヴァーのアルゴリズムを使うと、量子力学の力で素早く検索を行なうことができる。0と1の重ね合わされた状態にあるキュビットがいくつかあれば、00001から10000までのすべての順位を同時に表現できるからだ。さらにもっとキュビットを用意すれば、各人の名前も表現できる。ここでは頭文字だけを使うことにしよう。エイミーはA00010、ベティーはB00111……となる（もちろん頭文字は数字に変換しなければならない）。別の言い方をすれば、競輪選手とその順位の表は、それぞれ等しい大きさの振幅を持つ一六個の波束を一つにまとめた波動として、表現できるのだ。この複雑な波動を測定すると、波動は壊れて一六の選択肢のうちの一つが出現する。それぞれの項目が現れる確率は一六分の一なので、それぞれの波束の振幅は一六分の一の平方根、つまり四分の一もしくはマイナス四分の一となる。

ここまでは乱数生成装置と同じだ。どの項目が現れるかは、何も制御されていない。しかし今やりたいのは、たとえば第九位 01001 の選手といった特定の項目を探すことだ。グローヴァーのアルゴリズムでは、測定を行なう前に一六の項目すべてを同時に調べる（順位を表現する部分から 01001 を引き算し、どれが 00000 になるかを調べる）。一致するものが見つかったらその波束の振幅を増加させ、逆に他の波束が打ち消し合うように山と谷を重ね合わせる。そしてこの量子的操作によって生成した新たな波動を測定する。するとこの波動は、探していた項目 N01001 へと非常に高い確率で壊れるのだ。第九位はニーナとなる。

これではまだ説明があいまいかもしれない。どのようにして対応する波束を重ね合わせ、正しい答えを導くのだろうか？ 高度な数学を使わないかぎり、どうしてもあいまいな部分は残ってしまう。しかし簡単な算数を使うだけでも、もう一枚なら覆いを外せるはずだ。話をなるべく簡単にするために、項目が四つ 00, 01, 10, 11 だけのデータベースを考えよう。まずこれらを重ね合わせる（上向きと下向きのスピンを取りうる二個の原子があれば十分だ）。各項目が選ばれる確率はそれぞれ四分の一なので、それぞれの波束の振幅は四分の一の平方根、つまり二分の一かマイナス二分の一となる。最初はすべての波束の振幅は正だ（図6-4）。

今、10という項目を探したいとしよう。コンピュータは適切なパルス列を照射して（そうしたパルス列が存在するというのは、信じるだけにしておこう）波束を操作し、それぞれの波束が探しているものに一致するかどうかをすべて同時に調べる（各項目から10を引き算し、答えが00になるかを調べていけばいい）。一致するものが見つかったら、コンピュータは別のパルス列を照射してその波束の位相を反転させる。つまり山を谷に変換し、振幅をマイナス二分の一に変える（図6-5）。

この操作によって重ね合わせ状態が壊れることはない。振幅が二分の一であってもマイナス二分の一であっても、確率は四分の一だ。そのため外部にいる観測者から見れば、何一つ変化してはいない。量子の世界から何も情報が漏れていないので、重ね合わせ状態もそのまま保たれる。

次にコンピュータは別のパルス列を照射して、すべての振幅の平均値を求める。普通の数の平均を取るのと同じだ。まずすべての数を足し合わせる。1/2＋1/2＋(－1/2)＋1/2。二つの項が打ち消し合い（波束が重なり合い）、1/2＋1/2だけが残る。答えは1だ。そして1を項目の数4で割ると、平均が得られる。1/4だ。

最後に、「平均値に関する反転」という操作を行なう。これは少し複雑だが、単なる算数だ。まず、それぞれの波束が平均値よりどれだけ上下に突き出ているかを計算する。

そしてその波束を、平均値から突き出た分だけ上下にひっくり返す。実際やってみればわかる。振幅1/2の波束は、平均値より1/4大きい(1/4＋1/4＝1/2)。これを同じ量だけ平均値の下に突き出させる。1/4－1/4で0だ。つまりこの波束はなくなったことになる。一方、振幅が－1/2の波束は平均値より3/4だけ下にある。これを同じ量だけ平均値の上に突き出させると、1/4＋3/4で1となる。この波束は前の二倍の高さで上に突き出たわけだ。この操作によってそれぞれの波束の振幅は、0, 0, 1, 0となる(図6-6)。

ここでこの系から情報を引き出す。波束の振幅は、それに対応した出来事が起こる確率の平方根だった。したがって、測定によって波動がまちがった三つの項目へと壊れる確率は、振幅を二乗して0×0＝0となる。一方正しい項目が選ばれる確率は、1×1＝1。確率1というのは、まちがいなくこれが選ばれるということだ。重ね合わされた状態が正しい答えへと収束したことになる。もっと大きなデータベースを検索するには、この操作を繰り返さなければならない。操作のたびに目的の項目を表現する波束は大きくなり、他の項目はゼロへと向かっていく。これが重要なポイントだ。

ショアの因数分解のアルゴリズムと同様、このグローヴァーの方法も一見かなり複雑に思える。しかしこの方法には長所がある。古典的コンピュータの場合、データベース

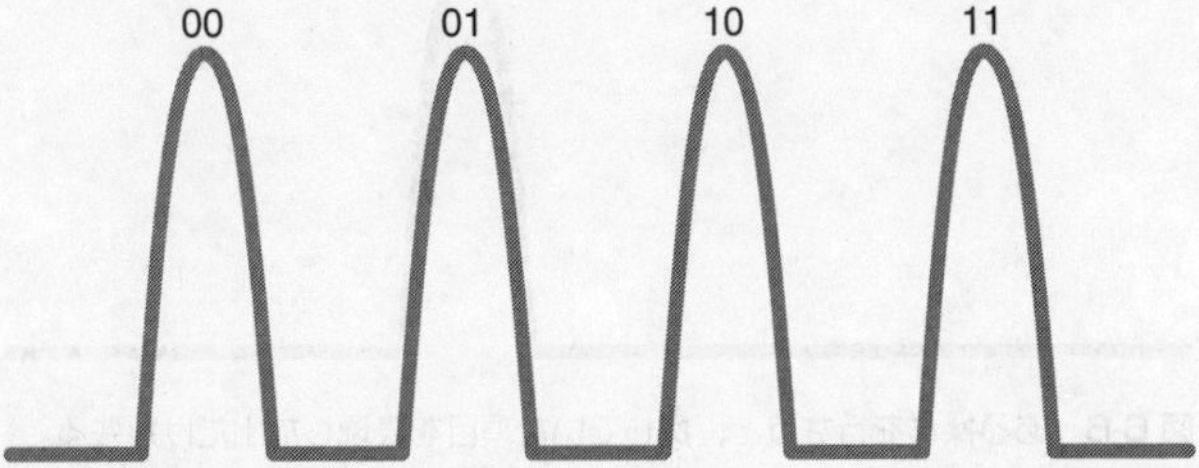

図 6-4　量子検索。表の４つの項目はそれぞれ、波の立ち上がった部分として表現される。

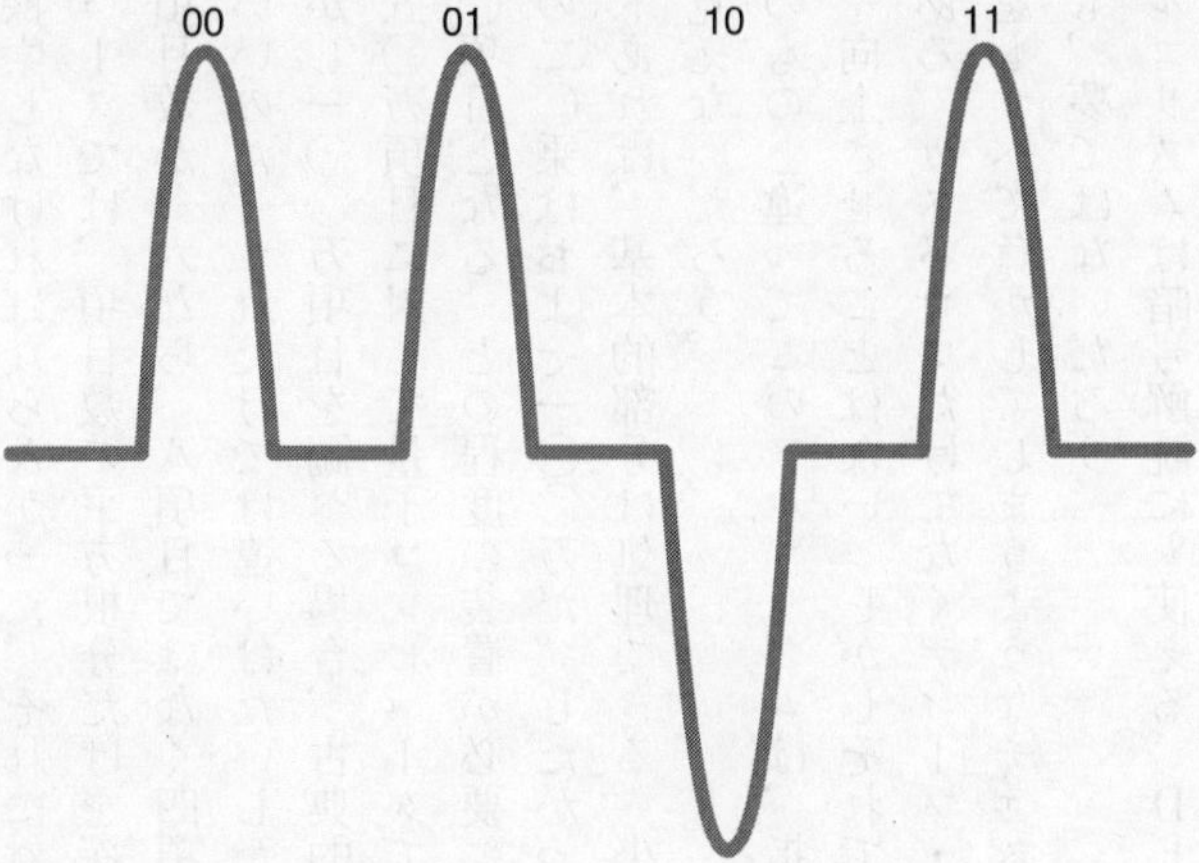

図 6-5　検索の次のステップでは、波束の一つが反転する。

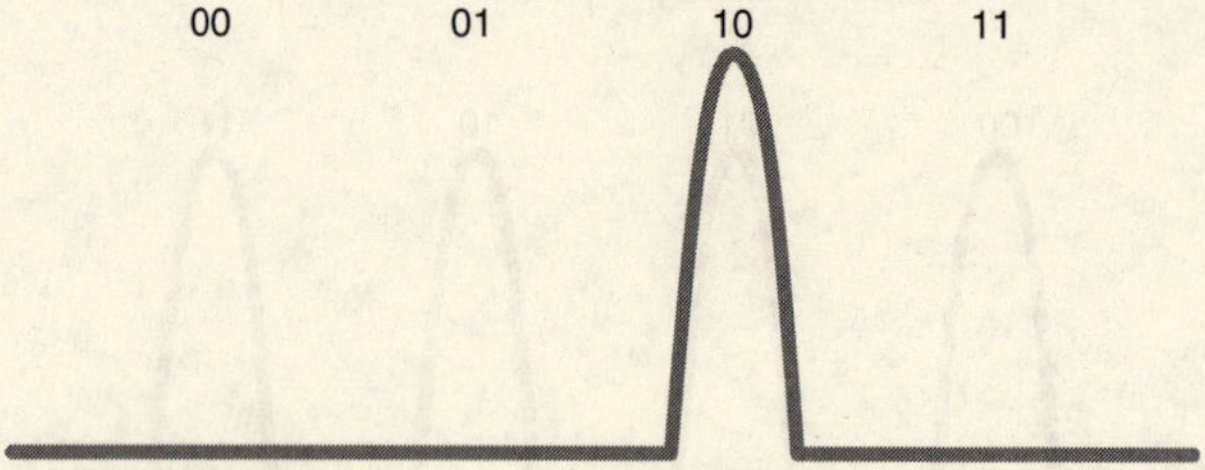

図 6-6　ある操作を行なうと、探していた項目を表現した山だけが残る。

の半分を探索しなければならなかった。それに対して量子コンピュータでは、項目数の平方根分だけを探索すればいい。項目数が一六なら、八項目ではなく四項目だけ調べればいいのだ。これだけでは違いはたいしたことはない。しかし一〇〇万項目を調べる場合、古典的コンピュータの五〇万項目に対して量子コンピュータではたった一〇〇〇項目となる。どの程度の装置が必要になるのか？　二の二〇乗はおよそ一〇〇万だ。したがって二〇キュビットあれば、基本的部分は処理できる。[9] 小さすぎて目には見えないだろう。

ショアのものと違ってこのアルゴリズムは、指数関数的に速度を向上させることはない。しかしそれでも大きな利点がある。カスパロフだけでなくディープ・ブルーの後継機をもすべて負かしてしまうようなチェス・コンピュータも、夢ではないだろう。

このアルゴリズムは暗号解読にも使える。DESで生成された暗号文の一部を侵入者が手に入れ、同時にそれに対応するもとのメッセージを傍受したとしよう。

Meet me at seven on 4th and Broadway

wfhqyt1lk546nas32850lnmak2300ohn

ここから鍵を再現できるだろうか？　まずこの平文をＤＥＳプログラムに入力する。しかし、手に入れたややこしい暗号文と同じものを生成する鍵を見つけるには、七京二〇〇兆通りもの鍵を試さなければならない。しかしいったん正しい鍵が得られれば、今後送信される情報もすべて解読できるはずだ。

一九九八年「エレクトロニック・フロンティア・ファウンデーション」という民間団体が、古典的コンピュータでもそれが可能だということを実証した。平文の最初の二四文字を手がかりにして一秒間に八八〇億通りの鍵を検索し、短いＤＥＳ暗号をたった五六時間で解読してしまったのだ。半年後、彼らは世界中からボランティアを募《つの》り、インターネットを使って一〇万台のパソコンを同時に動かして、二二時間ちょっとで暗号の解読に成功した。確かに驚くべき偉業だが、グローヴァーのアルゴリズムを使えば鍵の総数の平方根分だけを検索すればいいので、もっとずっと速くDES暗号を解読できるはずだ。

必要なのは互いに絡み合った二つのレジスタ、つまり量子力学的につながり合った二組の原子列だ。まず、すべての鍵の候補を重ね合わせて第一のレジスタに登録する。それには五六キュビット必要だ(二の五六乗は七京二〇〇〇兆)。次に、DESのアルゴリズムをレーザーパルス列に変換したものを使って、平文の切れ端をそれぞれの鍵候補にもとづいて暗号化する。量子コンピュータならすべての計算を同時に処理できる。すると七京二〇〇〇兆種類の暗号文が、互いに重ね合わされた状態で第二のレジスタに蓄えられる。二つのレジスタは互いに絡み合っているので、各暗号文はそれを生成した鍵とつながりを持っている。

この時点で測定を行なうと、系は七京二〇〇〇兆通りのうちの一つへとランダムに壊れてしまう。そこでその前にグローヴァーのアルゴリズムを使う。量子コンピュータはすべての候補を同時に調べ、探していた暗号文と一致するものを見つけ出す。見つかった暗号文は、それを生成した鍵とつながりを持っている。その鍵を表現する波束は徐々に大きくなり、他の波束は小さくなっていく。そして最後に測定をすれば、正しい答えが得られるというわけだ。

図6-7　エニアック（米陸軍撮影）。

せっかくこうしたアルゴリズムを考案しても、肝心の量子コンピュータがなければ、せいぜい神を信じるのと同じような抽象的行為にしかならない。かつてグローヴァーが言ったように、彼らは「まだ存在しない装置のためのプログラムを書いている(10)」のだ。しかしその状況も徐々に変わりつつある。数年前、物理学者たちはついに、少数のキュビットを使った世界初の量子計算に成功した。グローヴァーやショアのアルゴリズムを単純化したプログラムを、実際に実行させることにも成功した。このプログラムは単純すぎて実用にはならないが、その基本的アイデアが正しいことは実証されたのだ。

こうした実験は、暗号解読やチェスをするような実用的コンピュータにつながる、小さな一歩にすぎない。しかしグローヴァーは、あまり悲観的になるなと忠告している。一九四九年三月、《ポピュラー・メカニクス》誌にある記事が掲載された。エニアックと呼ばれた当時最新型のコンピュータについて解説したその記事は、未来のコンピュータについて次のように予想していた。「今日のエニアックには一万八〇〇〇個の真空管が使われており、総重量は三〇トンだ。将来には、たった一〇〇〇個の真空管を使った重さ〇・五トンのコンピュータが登場するだろう」。ペンシルヴェニア大学の電子工学の学生たちは、五〇万ドルを費《つい》やして作られたこの当時のスーパーコンピュータの五〇歳を記念して、それと同じ回路を縦七・四四ミリ、横五・二九ミリのシリコンチップ上に再現したのだ。(11)

第7章 実現に向けた挑戦

人間の使う単語はすべて、互いが互いを定義しあって巨大なネットワークを形づくっている。それと同様にコンピュータのAND、OR、NOTゲートも、それぞれ残りのゲートを使って互いに定義することができる。ANDゲートは、うまくやれば一個のORゲートと三個のNOTゲートから作れる。(1) 実はNANDゲート（ANDとNOTの組み合わせ）さえあれば、どんなゲートでも作れる（ANDゲートは、AとB二つの入力がどちらも1のときだけ1を出力する。NANDゲートではその出力が反転され、入力が1と1のときだけ0が出力される）。ここで重要なのは、NANDゲートさえあればチューリング・マシンに匹敵する能力のコンピュータを作れるという事実だ。コンピュータ科学者はNANDゲートのことを、「万能生成子《ばんのうせいせいし》」と呼んでいる。

実際の量子コンピュータを設計する際にも、まず初めに何でも作れる万能部品を見つけるのが先決だ。そうした部品が手に入れば、それをたくさん組み合わせてどんな回路でも作れる。

しかし量子ゲートを作るのは、古典的なゲートの場合より難しい。たった一個の原子や素粒子で作る必要があるからではない。量子ゲートにはさらなる必要条件があるからだ。古典的な計算とは違い、量子計算は完全に可逆でなければならない。これはどういう意味なのか。電卓の中で行なわれていることを考えてみよう。2＋2と打てば4と出力される。しかしその計算過程は途中で失われてしまう。4と表示された電卓を見つけても、その入力が2＋2だったのか、1＋3だったのか、あるいは(237×558)/2−66,169だったのかはわからない。レジスタに一時的に記憶された情報は、すでに消去されている。ビットは系から消え去り、周囲にごくわずかの熱を発散する。電卓は「不可逆」であり、再びもとに戻すことはできないのだ。

一個一個のゲートも、同じたぐいの記憶喪失を起こす。NOTゲートの場合、出力が1なら入力は0だったことがわかるので、これは可逆だ。しかしORゲートやANDゲートは、一方向にしか機能しない。ORが1を出力するのは、入力が10か01か11のどれかの場合だ。出力がわかっても、もともと何が入力されたかを知ることはできない。

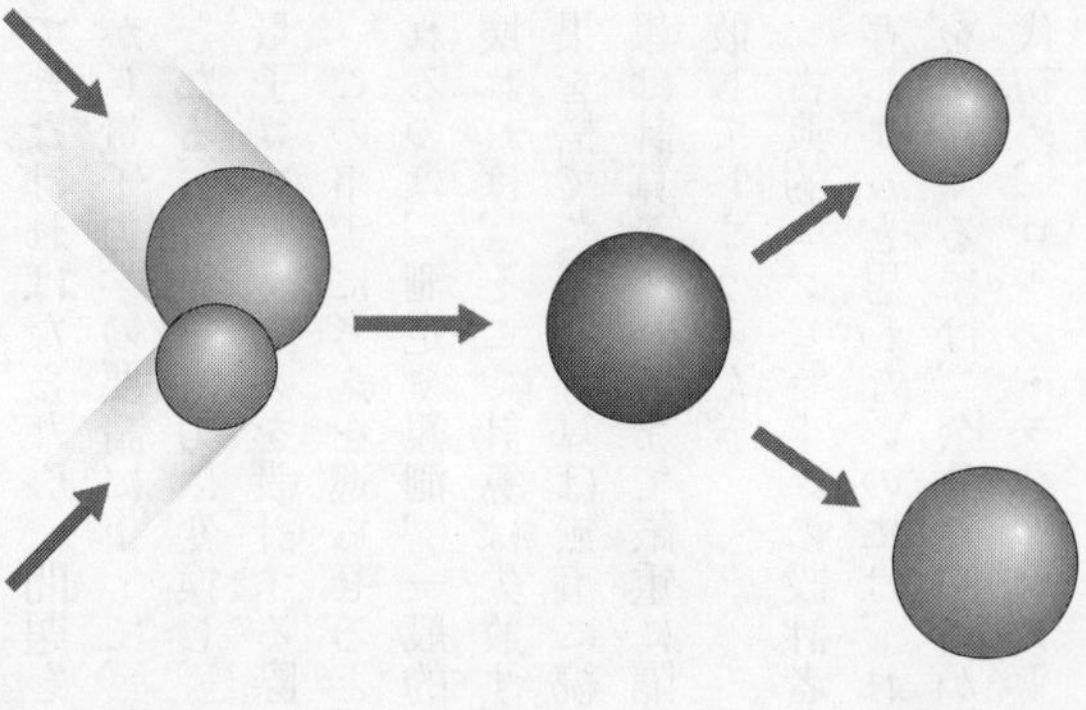

図 7-1　可逆反応。２つの粒子が衝突して別の粒子が生成するなら、それを壊してもとの２つの粒子にすることも可能だ。

過去は消されてしまっているからだ。

マクロな古典物理学の世界で正しかったことが量子の世界で成り立たないとしても、もはや読者は驚かないだろう。量子電卓に「24」と表示されていたら、それを逆に作動させてもとの計算式が何だったかを知ることができるのだ。これは物理法則の要請だ。素粒子間のあらゆる相互作用は、時間に関して対称でなければならない。相互作用を逆にたどれば、初めの状態が復活する。二つの粒子が相互作用して別の粒子が生成したなら、その粒子を分解してもとの二つの粒子に戻すこともできるはずだ。

もっと一般的に表現すれば、「量子系では情報は常に保存され、過去は決して消えない」となる。[2] 量子コンピュータに使う論理ゲートを一個一個の原子や素粒子から作るとしたら、そのゲートは計算を可逆な形で処理できなければならない。問題を解くためなら、好きなように粒子を操作すればいい。しかし量子力学の要請によって、得られた答えをもとの問題に戻す方法がどうしても必要となる。入力を出力に変換し、それを再び入力に戻すことが可能でなければならない。量子コンピュータを設計する際には、このことを考慮する必要がある。

この事実に考えを巡らせると、さまざまな現象を理解できる。量子系から情報が失われるのは、測定や観測、一般的には外界と相互作用したときだけだ。重ね合わせ状態が壊れれば、そこで計算は失敗する。古典的コンピュータなら、問題を解く過程で中間結果を捨てても、計算は無事に続けられる。しかし量子コンピュータの場合、すべての情報は計算が終わるまで厳重に隔離しておかなければならない。そうしなければ計算は失敗してしまうのだ。

古典的コンピュータの設計者が、毎秒何十億回と繰り返される計算の履歴をすべて保存しようと思わないのには、れっきとした理由がある。必要なくなった大量のゴミ情報を保存するには、余分な回路が必要になる。そしてそれには対価がかかる。一九六〇年代初め、ロルフ・ランダウアーという物理学者が、レジスタからビットを消去するごとに微量の熱（エネルギー・ロス）が生じることを証明した(3)。プロセッサの誤動作を防ぐには、この熱を取り除かなければならない。それゆえ、われわれはコンピュータのファンの音に悩まされ、Qのような巨大コンピュータは工場のような冷却塔を必要とする。

今のところコンピュータの効率は低いので、ビット消去によるエネルギー・ロスはほとんど問題にならない。それよりも、電子が細い導線を通るときの摩擦熱や、ハードディスクのモーターの回転から生じる熱の方がずっと多い。チップが小さくなって配線がもっと密になれば、熱の発生量も増大する。技術者は、熱を素早く放散させたり、熱の発生量そのものを抑えたりする方法を探している。しかし、いくらモーターをなくして抵抗ゼロの超伝導線でチップを作っても、ビットを消去するごとに必ず熱が発生するというランダウアーの原理には、どうしても立ち向かわざるをえない。物理法則がそれを要求するからだ。この熱の発生をなくすには、情報の消去をあきらめて、中間結果をすべて保存するしか方法はない。回路が小型化し冷却技術が限界に近づくと、技術者はこの最後の熱源を取り除くという問題に直面せざるをえなくなるのだ。

そのため先見の明を持った人々は、今日の量子コンピュータ・ブームのはるか以前から、未来の古典的コンピュータに使う可逆なゲート、つまり情報が消去されないようなゲートの作り方を考えてきた。出力がわかればその入力が何だったかを知ることができるようなゲートだ。「可逆《リバーシブル》コンピューティング」と呼ばれる分野が誕生し、計算の各段階を保存するような回路が設計されたり、実際に製作されたりした。こうした回路は発明者にちなんでそれぞれ、フレドキン・ゲートやトフォリ・ゲートと呼ばれている。(4)また「ビリヤードボール・コンピュータ」と呼ばれる仮想的な機械も考案された。これは、摩擦のない台の上で完全弾性を持つ球を衝突させることによって計算を行なうもので、時間を逆向きにたどることができる。実用的な研究もある。可逆な部品だけから作られたエネルギー効率に優れたチップも、実験的に作られている。そうした回路の中には実際に、バッテリーの持ちをよくするためにノートパソコンに搭載されているものもある。

これらはすべて、何十億という原子から構成されたマクロな古典的部品だ。しかし今や同じアイデアが、量子コンピュータのための単原子スイッチを設計する際にも使われている。そもそも単原子スイッチは、その性格上両方向に機能する必要がある。そして物理学者はすでに、万能生成子となりうる可逆なゲートを見つけている。一キュビットの回転(原子を1や0に反転させたり、それらの重ね合わせ状態にしたりする操作)と「制御NOTゲート」と呼ばれる二つの操作を使えば、どんな量子コンピュータでも設計できるのだ。

一個のキュビットを回転させる方法については、すでに何度も説明した。適当な周波

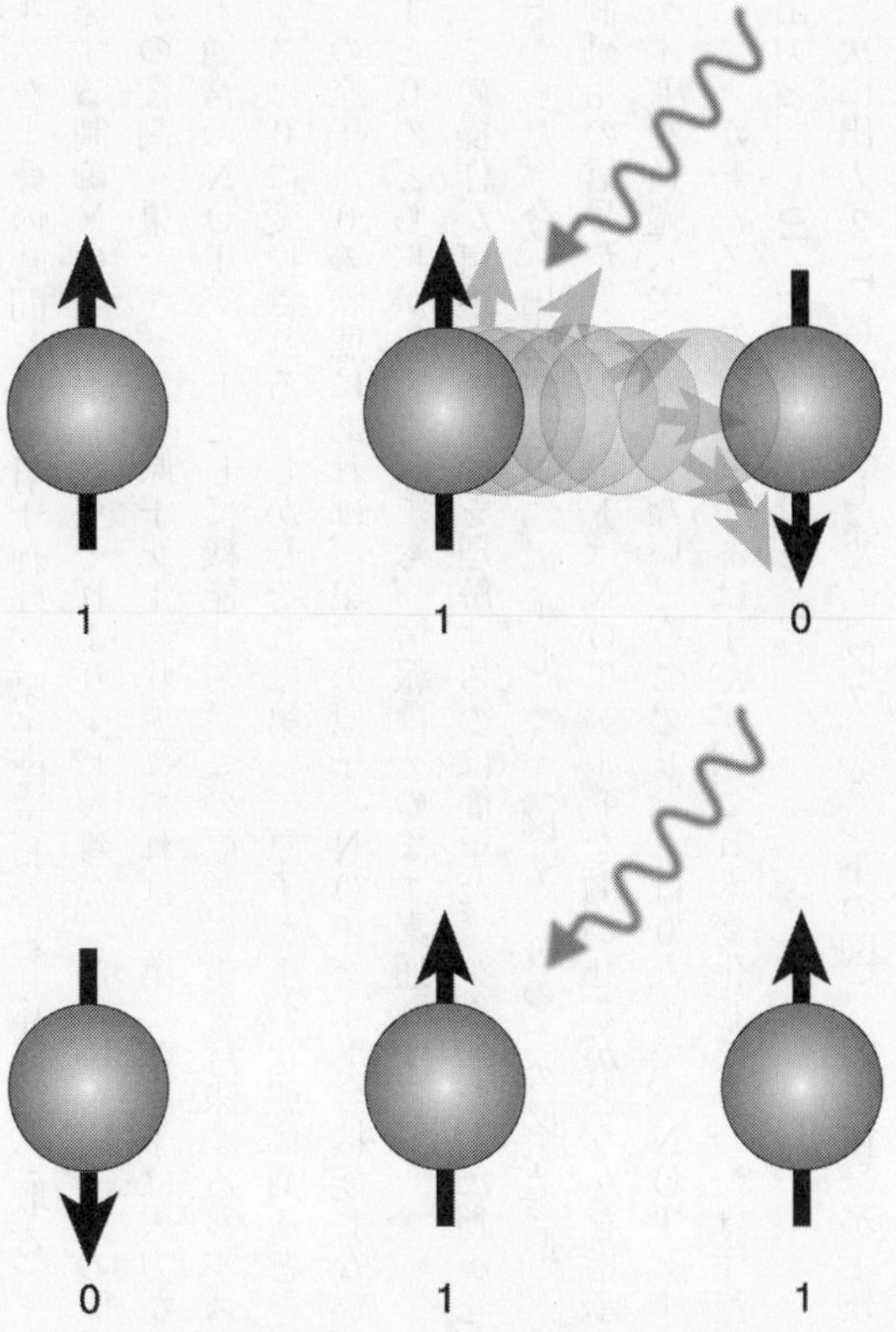

図 7-2　制御ＮＯＴゲート。第一の原子が状態１にある場合、第二の原子に適当な時間のパルスを当てればその値が反転する。しかし第一の原子が状態０にある場合、パルスは無視される。

数と長さのレーザーパルスを照射すれば、原子を1と0の間で反転させられる（同じパルスを半分の時間だけ照射すれば、原子は重ね合わせ状態Φを取る）。二つの原子が関係する制御NOTゲートは、それより少し複雑だ。この場合、一方の原子が制御スイッチの役割を果たす。この原子が1の状態にあれば、第二の原子は入力をすべて反転させる通常のNOTゲートとして機能する。この原子に1を意味するパルスを当てると、パルスは0に変換される。しかしそれは第一の原子が1の状態にあるときだけだ。もし第一の原子が0の状態にあれば、第二の原子のNOTゲートは機能しない。第二の原子に1と0のどちらが入力されても、情報はそのまま素通りする。

この操作が可逆であるのを理解するのは簡単だ。ゲートを逆に動かせば入力が復活するからだ。今、出力が01だったとしよう（図7−3の上の図を参照）。第一のビットが制御用の信号だ。このビットはNOTゲートを働かせるかどうかを指示するだけなので、ゲートを通過しても変化しない。今このビットは0なので、NOTゲートは働かなかったことがわかる。第二のビットは1だが、これも変化しなかったはずだ。従って入力は出力と同じ01だったと結論できる。

次に出力が11だったとしよう（図7−3の下の図）。制御信号が1なので、NOT機能が作動していたことがわかる。第二ビットは反転したはずだ。したがって入力は10

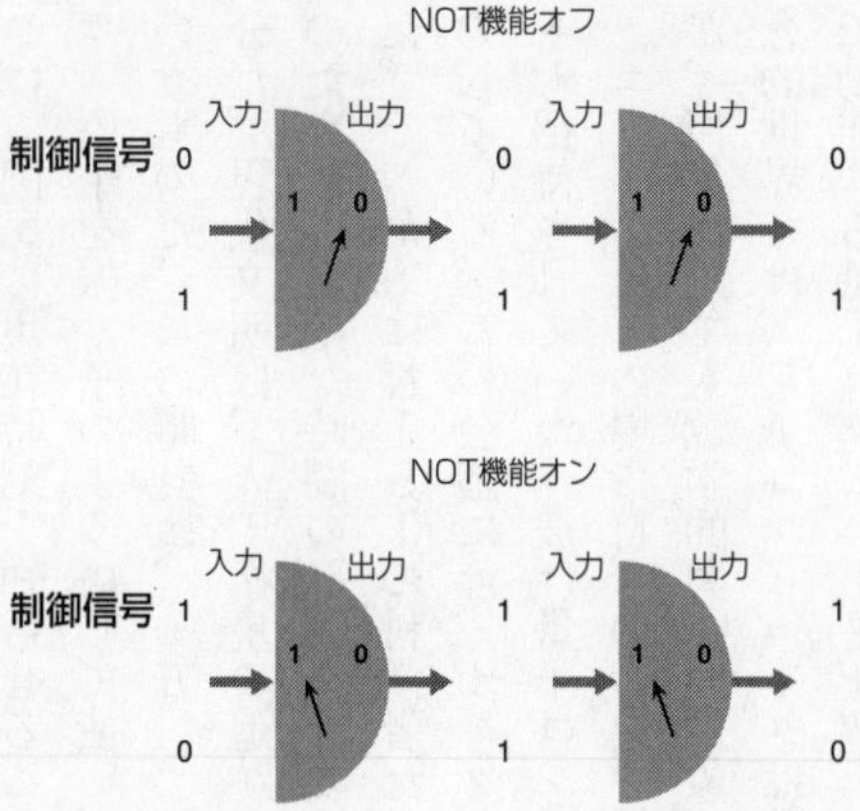

図 7-3　可逆論理。上側のビットが、このスイッチをオン（1）かオフ（0）かに切り替える。それに応じて下側のビットの処理が変わってくる。最初の例ではデータは変化せずに通過する。第二の例ではＮＯＴ機能が作動している。どちらの場合もこの処理は可逆だ。出力を再びゲートに通せば、入力が復活する。

だったことになる。どちらの場合も、制御ＮＯＴゲートの出力を別の制御ＮＯＴゲートに入力すれば、もとの入力が復活する。

このように、量子力学の要請どおりに完全に可逆で、しかもあらゆる量子コンピュータの部品として使える万能ゲートを、われわれはすでに手にしている。ただあくまでも紙の上での話だ。新技術開発のための次なる課題は、現実の物理世界で量子的制御ＮＯＴゲートを実際に作ることである。

一九九四年、原子物理学に関する国際会議が、ボールダー大学、コロラド大学、米国立標準技術研究所（NIST）の主催により開かれた。この会議での意見交換が、世界初の量子スイッチを誕生させることとなった。NISTの使命の一つに、国民に現在時刻を知らせることがある。そのための現在最も正確な方法は、セシウム原子を振り子のようにして使い、それが発する短いパルスを原子時計として使うというものだ。この時計は、一五〇〇万年に一秒しか狂わない。しかしそれでもまだ不十分だ。現代文明は、人工衛星の追跡や長距離通信の確保、あるいは物理実験の校正などのために、正確な時間の計測を必要としている。時計は可能なかぎり正確にすべきなのだ。そのためにNISTの科学者たちは、原子物理学や量子力学の進歩に遅れまいと努力している。この会議には、オックスフォード大学の理論科学者アルトゥール・エカートも招待されていた。彼は量子コンピュータの指導的推進者の一人だ。

エカートはこの場で自らの考えを披露した。量子コンピュータという見事なアイデアが、何年経っても数学的興味の対象でしかないことに、彼は苛立《いらだ》っていた。頭の中の観念的世界では、量子コンピュータは驚くべき成果を上げていた。しかし彼は、現実世界で動作する量子コンピュータを望んでいた。この偉業を達成できるのは、原子に思いを馳せるだけでなく、実際に原子を操作する能力を持った有能な原子物理学者だ。そう彼は信じていた。すでに科学者は自分たちの能力を世間に知らしめるために、走査型トンネル顕微鏡という装置を使って三五個のキセノン原子を並べ、「IBM」という文字を作っていた。(5)「原子アート」の最初の例だ。

キュビットや量子的並列処理などといった基本的アイデアの成功を受けて、エカートはある挑戦の開始を宣言した。彼は聴衆に語りかけた。革命のために本当に必要なのは、二ビット00, 01, 10, 11が入力されると何らかの計算を行なうような原子サイズの仕掛け、量子論理ゲートである、と。実際に彼が望んだのは、あらゆるゲートの部品となりうるたった一個の制御NOTゲートだった。実用的な量子コンピュータを作るには、互いに協調して動作するゲートがたくさん必要だ。しかしその課題については将来考えればいい。二つのビットを反転させるのに十分な時間だけ原子を隔離できれば、量子コンピュータの原理は正しく、それが実現可能だということが証明できるはずだ。

聴衆の中に、オーストリア・インスブルック大学の物理学者ファン・イグナシオ・シラクとペーター・ゾラーがいた。ヨーロッパに戻った二人は、エカートらの望みに叶うような装置を設計しはじめた。この偉業を成しとげるために必要な技術は、すでにイオントラップという精密な実験装置として存在していることに、彼らは気づいていた。

何年も前からさまざまな分野の実験物理学者たちは、一個のイオン（小さな電荷を帯びた原子）を捕捉して操作する技術を開発してきた。原子は通常、電気的に中性だ。原

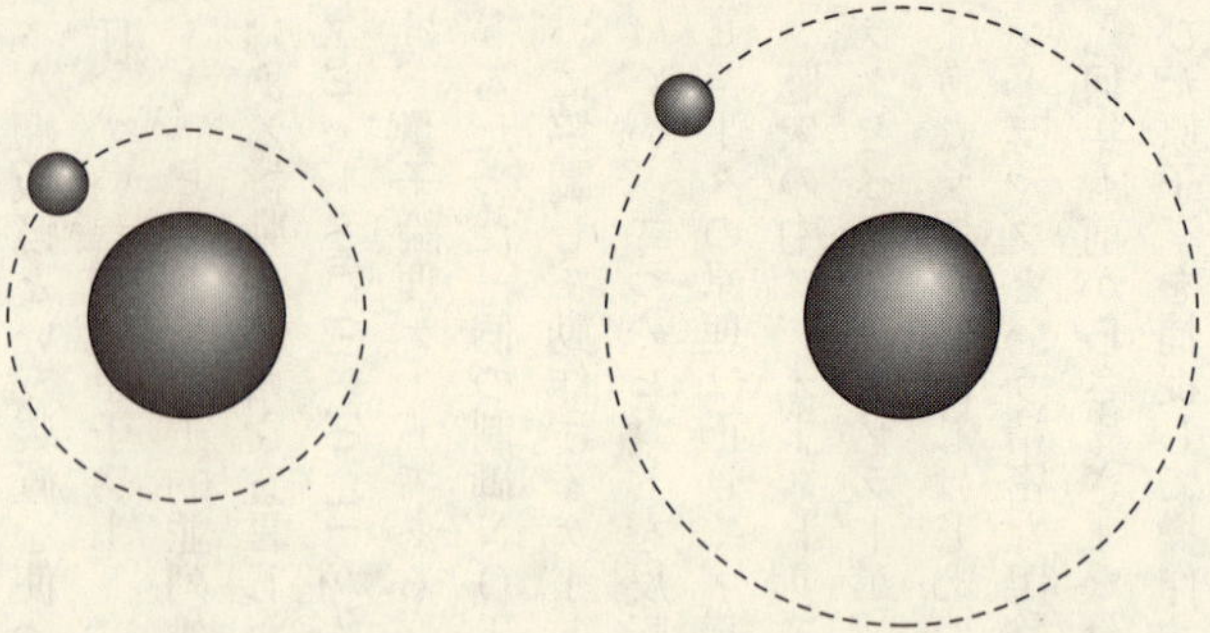

図 7-4　イオンのスイッチ。電子が低エネルギーの軌道にあれば 0 を表し、高エネルギーの軌道にあれば 1 を表す。

子核の中の陽子が持つ正電荷と、周囲に広がる電子が持つ負電荷とは、完全に釣り合っている。しかし電子を一個取り除くと、バランスが崩れて原子が正の電荷を持つようになる。すると原子は電磁場の変化に反応するようになり、実験者がそれを捕まえたり動かしたりできるようになる。

これを応用して、一個のイオンを真空チャンバーの中に浮かばせることができる。そしてさまざまな方向からレーザーパルスを当てることで、イオンの動きをほぼ完全に止められる。トラップの中で凍らせるということだ（熱とは原子のランダムな運動にすぎない。この技術は光学冷却とも呼ばれる）。こうした実験は信じがたい展開をもたらした。長い間、単なる周期表の記号にすぎなかった個々

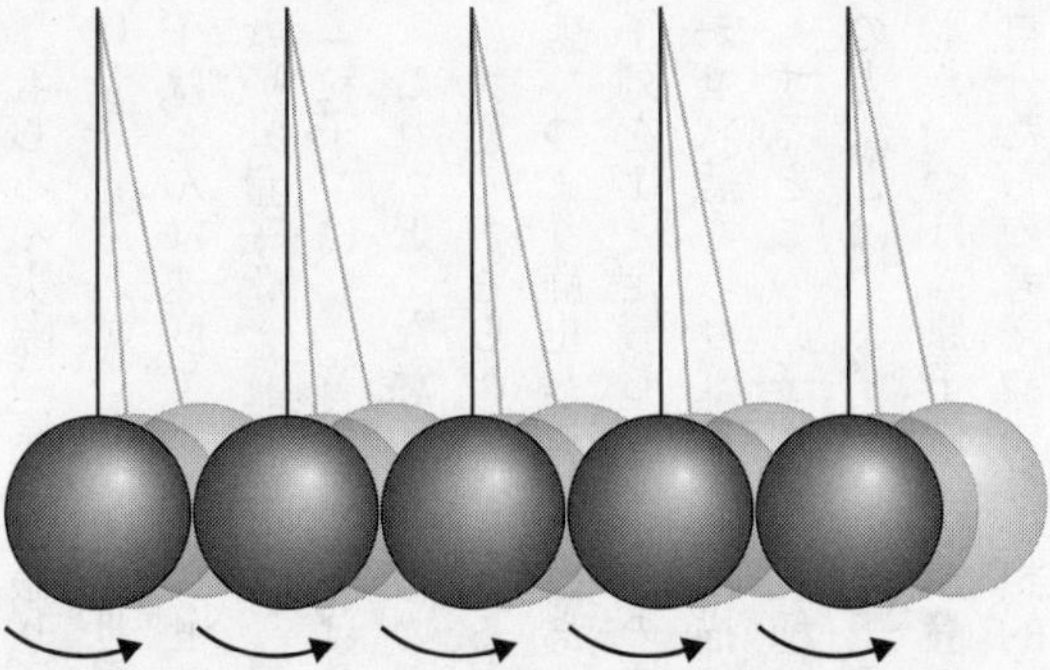

図 7-5　振動するイオン。イオンは振り子のように一体となって揺れうごく。

の原子は、今や観察台にピン留めした蝶《ちょう》のように扱うことができるのだ。

シラクとゾラーは、こうして捕まえた原子を量子ゲートとして使えると考えた。[6] 今、イオンの最外殻には電子が一個しかなかったとしよう。この電子がエネルギーの最も低い軌道にある場合を0とし、より高い軌道にある場合を1とする。そしてこの原子に適切な周波数のレーザービームを当てれば、スイッチのように1と0（あるいはΦ）を切り替えることができる。

次に同じ方法を、電磁場によって一列に並べた複数の原子に応用する。同じ電荷を持つイオンは互いに反発しあうが、電磁波を使えばそれを押しかえしておける。このイオンの列は、互いに触れあって並んだ小さな振り子の球と考えることができる。一個の原子が動けば、その運動は隣に伝わる。そしてすべての原子が同時に振動するようになる。

もちろん実際の原子は振り子の球とは違う。原子は微小世界の存在なので、その振動は量子化されている。古典世界では、物体の振動の周波数は連続的に変えられる。振り子はどんな速度でも揺らせる。しかし量子系では、振動さえも飛び飛びの値しか取れない（量子化されたものは、必ず量子によって媒介される。音を含めた力学的振動の「粒子」は、「音子《フォノン》」と呼ばれている）。

これがどんな意味を持つのか、次第にはっきりしてくるはずだ。白と黒のように二つの状態のどちらかを取りうるものなら、何でもビットとして使うことができる。基底《きてい》状態、つまり静止した状態にある原子列を0、その上のエネルギー状態で振動している原子列を1と定義しよう。[7]この原子列もまた、同時に静止も振動もしているような重ね合わせ状態を取りうる（絵に描こうとしても無駄だ）。

するとこの原子列は、二種類の方法で情報を記憶できる量子レジスタとなる。二種類の方法とは、まず個々の原子の軌道電子が基底状態にあるか励起《れいき》状態にあるか、そしてもう一つは、原子列全体が静止状態にあるか振動状態にあるかだ。シラクとゾラーは、自分たちの考えついた仮想的仕掛けが実際に論理演算を実行できる、つまり計算を処理できることを示した。

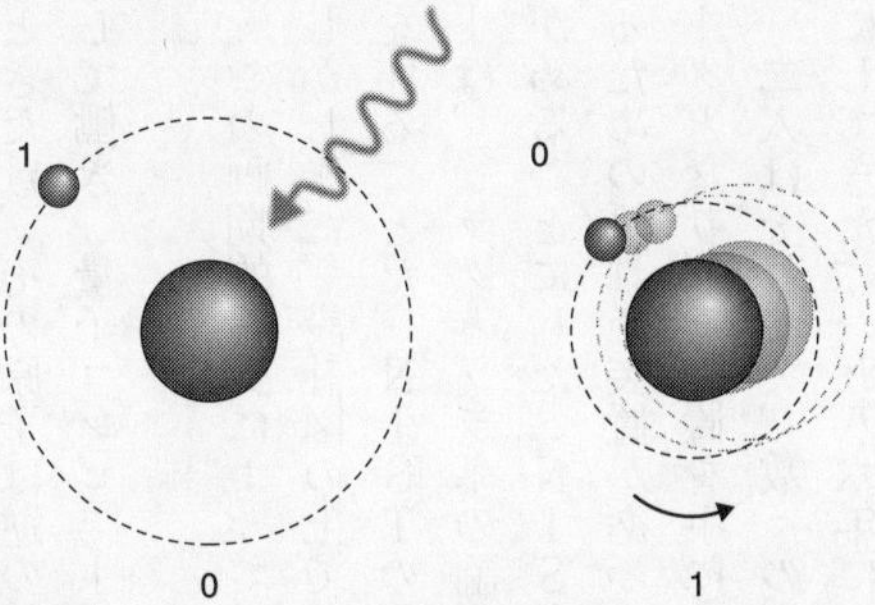

図 7-6　量子計算。軌道電子は高エネルギー状態（1）にあり、原子全体は静止（0）している。ここにパルスを当てると、電子は状態 0 に落ち込み、原子は振動しはじめる。ビットの順序が反転し、10 が 01 になったことになる。

たとえばイオンが、電子に関して励起状態（1）にあって、かつ低エネルギー状態（0）で振動していたとしよう。するとこれは、10という情報を記憶した小さなレジスタとなる。シラクとゾラーは、適切な周波数のレーザーパルスを使えば、電子を基底状態（0）に移すと同時にイオンを速い振動状態へと励起させられることを示した。つまり10を01にできるということだ。このような操作を数多く使えば（ここでは詳細には触れない）、スリンキー（階段を下りていくバネのおもちゃ）や導線を伝わる電気信号のように、1というビットをイオン間で行ったり来たりさせることができる。

しかし原子列の利用の仕方はこれだけではない。原子がレーザーパルスに対してどう振る舞うかは、その原子列が振動しているかどうかによって決まる。この関係こそが、論理演算を行なうのに必要なのだ。原子にパルスを当てると、原子列全体が振動しているときだけ、その原子は逆の状態に切り替わる。これは目に見えない制御NOTゲートとして働き、量子コンピュータの構成部品となりうる。

この画期的論文によって、アルトゥール・エカートの挑戦はゴールへと一歩進んだ。しかしまだ、設計図の上での話でしかない。次の目標は、イオンを使って実際にゲートを作ることだ。NISTの研究者デヴィッド・ワインランドとクリストファー・モンローは、シラクとゾラーの論文の原稿を読み、実際にそうしたゲートを作れるかどうか確かめることにした。(8) NISTには原子時計の研究の一環として、単一のイオンを隔離するための優れた装置があった。ワインランドとモンローはすでに、簡単な量子コンピュータとなりうる装置を手にしていたのだ。

二人はそれまで、数々の不気味な量子効果が単なる想像の産物ではないことを明らかにしてきた。一九八六年にワインランドは、研究チームの一員として世界で初めて量子跳躍を実際に観測した。原子に光子を当てると、原子は低い軌道から高い軌道へと、途中の空間を通ることなしに文字通りジャンプする。

一〇年後、二人は別の研究者と組み、シュレーディンガーの猫という有名な思考実験を、原子を使って実現させた。エルヴィン・シュレーディンガーは一九三五年、量子力学のパラドックスを大げさに説明するために、猫をある変わった装置と一緒に箱の中に閉じこめるという奇妙な場面を考えた(9)。二重スリットの実験を思い出してほしい。壁に向かって飛んできた粒子が二つの穴を通る確率は、どちらも五〇パーセントずつだ。今それぞれの穴に検出器を取り付けたとしよう。粒子が上の穴を通れば何も起こらない。ただ通過するだけだ。しかしもし粒子が下の穴を通れば、回路が作動して金槌《かなづち》が振り下ろされ、毒の入った瓶《びん》が壊れて猫は死ぬ。

シュレーディンガーは、箱を開けて実験の結果を観測するまで、粒子は二つの状態の重ね合わせ、つまり両方の穴を通ったという状態にあると考えた。だとすると、毒の入った瓶も壊れた状態と壊れていない状態の狭間で存在するはずだ。すると何と、猫さえも生きていると同時に死んでいることになる。別の言い方をすれば、猫の運命は粒子の運命と絡み合っているのだ。

近年多くの理論家たちは、シュレーディンガーのパラドックスを回避する方法があると考えるようになってきた。外界のあらゆる攪乱から隔離された単一の原子は、確かに重ね合わせ状態に留まる。しかしこの猫の実験装置は、常に空気の分子や宇宙線の衝突を受け、トラックや足音や微小地震によって揺さぶられている。こうした撹乱はすべて、ちょっとした測定のようなものだ。さらに、猫や箱や瓶などマクロな物体を構成する原子は、常に相互作用しあって互いを「測定」している。どんな重ね合わせもただちに壊れるので、猫のようなマクロな物体は同時に二つの場所に存在することはなく、そのどちらか一方にしか存在しない。そして、死んでいると同時に生きているなどという事態が起こることもないのだ。隔離され、重ね合わせ状態に留まった粒子は、「量子的コヒーレンス（干渉）」状態にあると呼ばれる。そして、周囲からのわずかな撹乱によって量子的あいまいさが壊れる過程は、「デコヒーレンス（干渉性の消失）」という。[10]

ワインランドとモンローは、猫の代わりにベリリウムという軽い銀色の金属を使った。[11]ベリリウム原子は最外殻電子を二つ持っているが、彼らはそのうちの一つを取り去って一個の陽イオンを作った。こうすれば、電磁場を使って真空チャンバーの中でイオンを捕まえておける。彼らは光学冷却を使ってイオンの激しい振動を抑え、次にレーザーパルスを使って電子を重ね合わせ状態に仕向けた。電子は時計回りと反時計回りの両方向で自転するようになった。

最後に再びレーザービームを使った。今度は、一見不可能に思えることを成しとげるためだ。彼らは重ね合わされた二つの状態を注意深く分離させ、それらを約一〇〇〇億分の一メートル引き離した。一方は時計回りに、もう一方は反時計回りに自転する原子とその分身は、ほんの短い間、二つの場所に同時に存在したのだ。周囲からのわずかな攪乱によって、この重ね合わせ状態はすぐに壊れた。後の実験で彼らは、デコヒーレンスが起こるまでにどれだけの時間がかかるかを測定した。結果は約二五から五〇マイクロ秒だった。二つの分身が大きく離されるほど重ね合わせ状態は影響を受けやすくなり、系はより素早く壊れるようになった。

ワインランドとモンローは、このように原子を微妙な状態に留めておく技術を応用すれば、制御NOTゲートを作れるのではないかと考えた。(12) 彼らは初め、少なくとも二個のイオンを並べておき、一方を制御信号用に、もう一方をNOT演算に使う必要があると考えた。しかしシラクとゾラーの計画に従えば、一個の原子で二キュビットの情報を取り扱える。電子が励起状態にあるか基底状態にあるか、そして原子自体が振動しているかいないかだ。古典的な喩えとしては、上下（一方のビット）と左右（もう一方のビット）の両方向に切り替えられるスイッチを考えればいい。スイッチを右上に倒せば、［11］という二ビットの情報が記憶される。

彼らはいつものとおり、一個のベリリウムイオンを捕まえて冷却しはじめた。二つのキュビットの一方は、シラクとゾラーの提案に従って振動の有無により表現することに

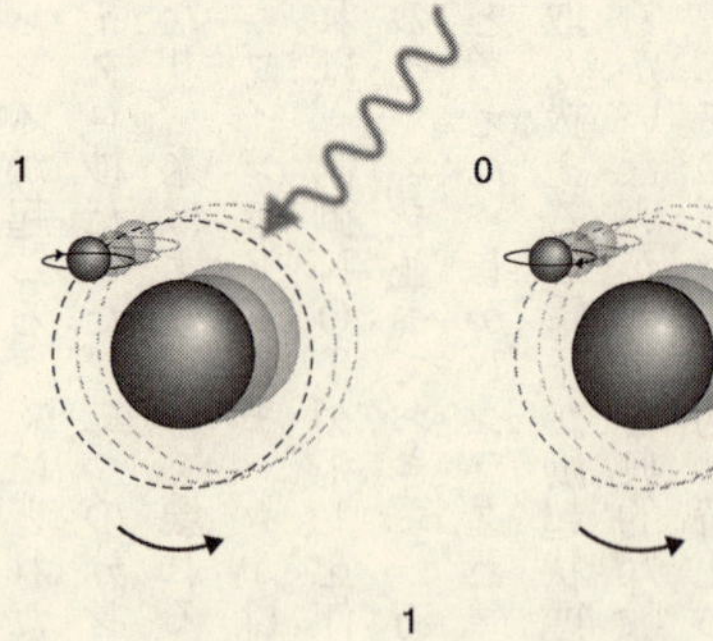

図 7-7 実際に作られた制御NOTゲート。原子が振動していると（状態1を表す）NOT機能が働く。この状態で電子にレーザーパルスを当てると、スピンの向きが1から0へと反転する。

した。しかしもう一方のキュビットについては、二人の提案とは少し違う方法を選んだ。1か0かを、最外殻電子のエネルギー準位ではなく、その電子のスピンで表現することにしたのだ。ただ基本的なアイデアは同じだ。彼らはレーザーパルスを微調整して、振動モードが1のときだけスピンの向きが反転するようにした。まさに制御NOT演算だ。

最後に、計算結果を読み出す方法が必要だ。彼らは再び、レーザービームをトラップの中に照射した。そしてビームを調整し[13]、イオンが1の状態にあるときだけ光子が散乱されるようにした。紫外光が散乱されれば、ビットが1だということがわかる。それに対して0の状態にあるイオンは光らない。最も初期のデジタルコンピュータは、特別な真空管の中で数字の形をしたフィラメントが光ることによって、計算結果を表示した。歴史は微小の世界の中で繰り返されたのだ。イオントラップの中でかすかな光がまたたき、量子プロセッサは誕生した。

論文の中でシラクとゾラーは、すべてをうまく進めれば、本格的な計算を処理できるだけの時間イオンを捕まえておけるはずだと推定した。デコヒーレンスが起こるのは、計算が終わった後だということだ。もっと控えめな実験からも、イオントラップは重ね合わせ状態を数分間も保持できることがわかっていた。素粒子の世界では永遠に近い時間だ。

ワインランドとモンローがその限界値に近づくことはできなかった。彼らは重ね合わせ状態を一〇〇〇分の一秒以下しか保持させられなかったのだ。しかしこれでも、制御NOT演算を行なわせるには十分だ。その後彼らは技術を磨き、デコヒーレンスまでの時間をさらにもうすこし長くした。そして次に、実験の規模をもっと大きくしようとした。実際に計算を行なうには、たくさんのイオンを捕まえて操作しなければならないからだ。しかしなかなか進展しなかった。単一イオンでの実験は、一九九五年に行なわれた。その後彼らは四個のイオンの制御に成功し、さらに多くのイオンの制御に望みをつないだ。しかしレーザービームを微調整し、近くのイオンに影響を与えずに一個のイオンだけを反転させるのは、非常に難しい。さらに、原子の数が多くなるほど相互作用も多くなり、デコヒーレンスが素早く起こるようになる。

今では彼らは、初歩的なコンピュータを作るには「多重化」が必要になると考えている。[14] つまり、いくつものイオントラップをつなげて、数十個のプロセッサを組み合わせるということだ。それぞれのイオントラップはイオンを二、三個だけ保持する。そして各イオントラップはレーザー銃に反応して単純な演算を行ない、その出力を別のイオントラップに光ファイバーで送信する。しかしそれは現代の最新技術でもまだ不可能だ。数千キュビットを必要とするショアのアルゴリズムを使って暗号を破ろうと考えている人は、量子コンピュータのハードウェア面での進歩が非常に遅いと感じているはずだ。ソフトウェア面での進展は、それを走らせるための機械の進歩を大きく引き離している。

しかし思い出してほしい。二〇世紀初め、鉱石ラジオに使われた世界初の半導体は、「猫のひげ」そっくりの代物だった。しかし一九四〇年代半ばにベル研究所が世界初のトランジスターを作り、それをきっかけにポケットラジオから今日のマイクロプロセッサにまで進化したのだ。

量子コンピュータの場合、状況は少し違う。この技術は、一段一段徐々に進歩するたぐいのものではないのかもしれない。日本製の六石ポケットラジオに相当する量子的装置とは、一体どんなものだろうか？　ＮＩＳＴなどの実験は、単一の原子を使った量子版トランジスター（真空管の方がより近いかもしれない）を作るのが実際に可能だということを実証した。他の研究室も徐々に研究を進めていて、いつかは突破口が開けるはずだ。

第8章「重ね合わせ状態の崩壊」に立ち向かう

ワインランドとモンローがイオンを使った仕掛けをいじっていたころ、別の研究者がまったく別の方法で量子コンピュータに取り組んでいた。素粒子の世界には、量子的なそろばんの珠として使える粒子が何種類もある。NISTなどの実験ではキュビットとして原子や電子が用いられたが、別の研究所の科学者は光子を使おうとしていた。もちろんイオントラップの実験でも、原子の1と0を反転させるためのビームとして光子が使われていた。しかしカリフォルニア工科大学とパリ高等師範学校が中心となって行なった研究では、さらに先を行って光子そのものに情報を記憶させようとした。この場合も1と0は、粒子が二つの状態のどちらにあるかによって表現できる。しかし同じなのはここまでだ。NISTの科学者はイオントラップの中で実験を行なったが、この研究チームは「共振空洞《きょうしんくうどう》ＱＥＤ」という聞き慣れない技術を使った(1)。

ＱＥＤとは量子電磁力学の略で、基本的にはこれは、量子論を光子や電子に当てはめた理論のことだ。そして共振空洞とは、内側を鏡張りした小さな箱のことだ。光子は鏡の間を行ったり来たりして、狭い空間の中に閉じこめられる。その間に実験者は、この光子（ある科学者は「フライング・キュビット」と呼んだ(2)）を使って初歩的な計算を行なうことができる。

問題は、光子は互いに作用しあわないという点だ。二つの懐中電灯の光を交差させても、何も変化することなく素通りする。ではどうやって、光子が別の光子のビットを反転させ、情報を処理できるようにするのか？　この実験のミソは、光子と原子との相互作用だ。電子に適当な周波数の光子を当てると、軌道電子はより高いエネルギー準位に励起される（レーザーを使って電子を別の軌道に遷移《せんい》させ、０と１を切り替えたときと同じだ）。この電子が基底準位に戻るとき、一個の光子が生成する。つまり、原子に光子が入ると別の光子が出てくる。この過程で光子の状態を変えられれば、ビットを変化させられるというわけだ。彼らは光学的な論理ゲートを作り、二ビットの光子列を変換させて、計算を行なわせることに成功した。

この研究について詳しく見ていくと、細かいところですぐに行き詰まってしまう(3)。たとえば用いる光の周波数は、光子が共振空洞の鏡と原子の両方に共鳴するように細かく調節しなければならない（二つの鐘をぴったり調律させるようなものだ）。量子コンピュータ実験に関する論文にはたいてい、こういった実験の詳細がびっしり書き込まれており、驚くほど大量の数式やグラフが記されている。誰でも理解できるような記述が出てくるのはごく稀だ。

幸い、われわれ門外漢が知るべきことは多くはない。枝葉末節《しようまつせつ》をばっさり切り落とし、どの方向から量子コンピュータに迫っても、最後は同じ結論にたどり着く。イオントラップを使うか、鏡張りの箱を使うか、あるいはもっと理解しがたい別の技術を使うかは、科学者の好みの問題だ。しかしどの場合も、基本的アイデアは同じである。何か粒子を捕まえ、二つの量子状態に好きなように1と0を割り振る。使うのは、スピン、エネルギー、力学的振動、電荷、どれでもかまわない。大事なのは、その粒子を同じようにラベル付けした別の粒子と相互作用させることだ。そして実験条件を調節して、相互作用前の粒子の状態に応じて相互作用後の状態がはっきりと決まるようにする。計算とは、1と0からなるあるパターンを別のパターンに変換することだ。

古典的コンピュータの場合、どんなカウンターを使うかは問題ではない。シリコンチップや真空管でもいいし、電気リレー、碁石、ビリヤードの球、チューリング・マシンのテープ、ジェニアックの部品、ティンカートイ、なんでもかまわない。その物体が1と0と名付けられた二つの状態のどちらか一方を取り、そして自分の状態が周りの物体の状態によって決まるようつなげられてさえいれば、それはコンピュータのスイッチとなりうる。もちろん量子コンピュータの場合、この条件は少し変わってくる。量子的なカウンターは、1と0とΦの状態を取り、無数の計算を同時に処理できなければならない。

これまでに開発された量子コンピュータは、どれもきわめて壊れやすいものばかりだった。外界からのわずかな攪乱によって、意図せずにビットの反転が起こったり、重ね合わせ状態が壊れたりする。実験を始めて一秒も経たないうちにデコヒーレンスが起こってしまうのだ。一個の原子や粒子から作ったスイッチは、コヒーレンス状態が壊れるまでに何百回も何千回も切り替えられる。しかしその程度では、長年夢物語だった問題を解くには十分とは言えない。複雑なプログラムを走らせる前に、もっと頑丈な装置を作るべきだ。つまり、デコヒーレンスを抑えて計算に使える時間を延ばし、同時にスイッチの切り替えスピードを速めなければならない。どちらの課題も、二、三個ではなく何百何千というキュビットを相互作用させられるような規模の方法を見いだせれば、解決するはずだ。「核磁気共鳴《かくじききょうめい》」（NMR）と呼ばれるまた別の技術が、さらなる進展をもたらした。この方法は欠点はあるものの、いくつものキュビットを操作できるという長所を持っている。さらにデコヒーレンスが起こるまでの時間が非常に長く、一〇回程度の演算からなる単純なアルゴリズム（初歩的な量子ソフトウェア）を実行するにも十分だ。

この方法は、一個の分子を使って計算を行なおうというものだ。もっともなアイデアだ。量子コンピュータの目標とはつまるところ、長い量子列を使って情報を記憶したり処理したりすることに他ならない。分子は原子がつながってできていて、それ自体がキュビットの列になっている。1と0とに切り替えられるのは、原子核の周りを回る電子だけではない。NMRは、原子核自体もそれと同じように操作できるという事実にもとづいた技術だ。

図では原子核は小さな球で表現されているが、実際はそれ自体、陽子と中性子からできている。最も単純な原子核は、陽子一個だけからなる水素原子核、最も複雑なのは、一〇一個の陽子と一五七個の中性子からなる不安定なメンデレビウム（周期表の発明者にちなんで名付けられた）の原子核だ（現在ではもっと複雑な原子核も知られている）。陽子や中性子も、より軽い電子や光子と同様にスピンを持っている。原子核の中では、スピンは互いに打ち消し合

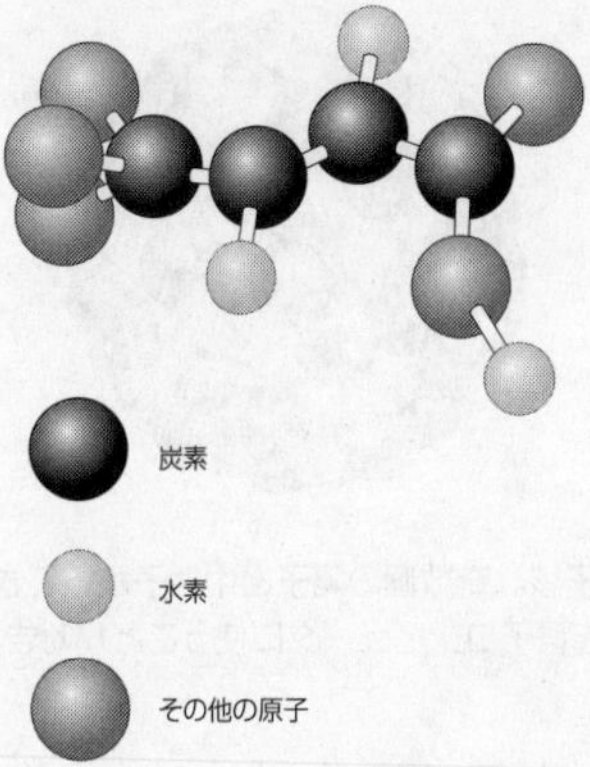

図 8-1　単純な分子。この原子列（主に炭素原子と水素原子からなる）を、量子コンピュータのレジスタとして使える。

う傾向がある。時計回りのスピンがいくつかあれば、その分だけ反時計回りのスピンも存在し、互いに打ち消し合っている。しかし奇数個の粒子からなる原子核では、どうしてもスピンが残る。つまり原子核全体がスピンを持ち、それによって1か0かを表現できるのだ。

この核キュビットは、情報を記憶させるのに特に適している。核は電子雲に包まれており、外界の攪乱から守られている。核のスピンは実際非常に厚く保護されていて、何秒もの間、重ね合わせ状態を保てる。他の方法に比べたら永遠に等しい時間だ。

この方法は、量子コンピュータに必要なもう一つの条件にもかなっている。その条件とは、適切なパルスを当てることで、そ

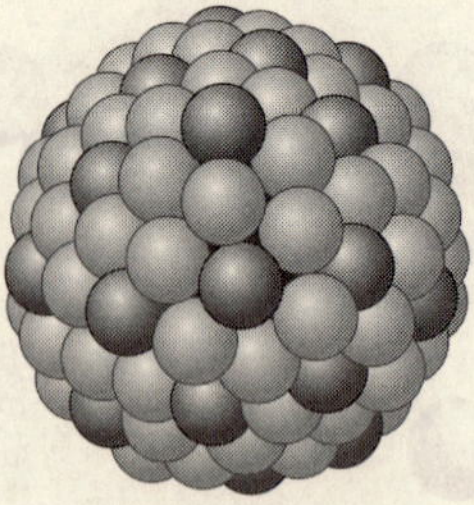

図 8-2　一個の原子核。奇数個の陽子と中性子からできている原子核はスピンを持つ。これを量子コンピュータに使うことができる。

れぞれのキュビットを別々に反転させられるかどうかだ。それを可能にするのが、NMR効果だ。この方法の場合、パルスとしては高周波の電磁波を使う。分子中のさまざまな原子核（水素、炭素、フッ素など）は、強い磁場中に置かれると、それぞれ異なる周波数のパルスに応答するようになる。さらに同じ種類の原子（たとえば炭素）[4]でも、分子の中での位置によって異なる周波数に応答する。分子は球のつながったネックレスのように描かれることが多いが、ここでは鈴が連《つら》なったものとして考えるといいだろう。科学者は高周波のパルスを使って分子の中に手を突っ込み、ある一個の原子核だけを「鳴らす」ことができる。するとそのスピンは1と0が切り替わり、あるいはその重ね合わせ状態になる。

量子コンピュータとして動作するには、核同士が相互作用できなければならない。原子核は、自らの作る

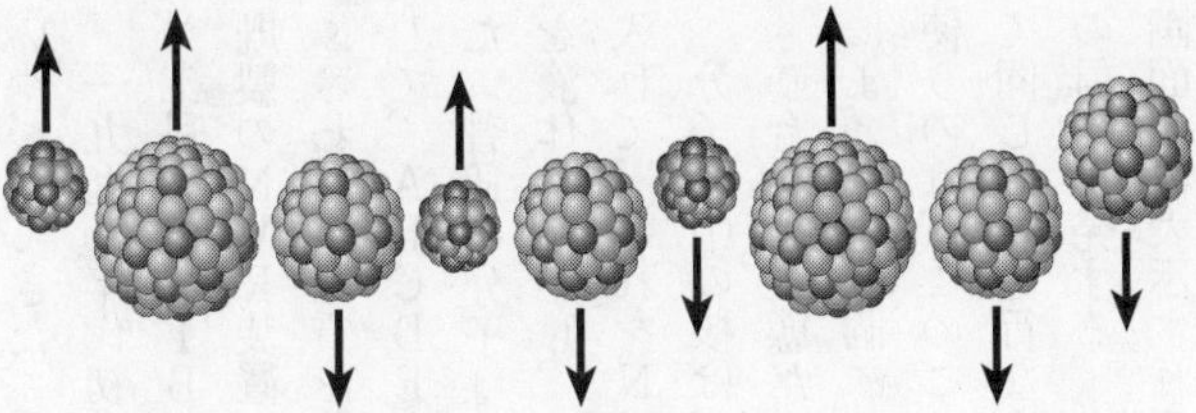

図8-3　分子中で並んだ原子核。電磁波のパルスに応じて原子核が反転するかどうかは、近くの原子核の状態によって決まる。

磁場を使って相互作用しあう。言い換えれば、核同士は互いに絡み合っているのだ。原子核が外部からのパルスに応じて反転するかどうかは、近くにある核が１と０のどちらの状態にあるかに左右される。これは論理演算を行なうための条件にかなっている。さらに、分子中の原子は微弱な電磁場を作っているので、検出器を使って計算過程を追跡し、それを画面上に表示することもできる。

多くの研究者がこの方法に魅力を感じるのには、他にも理由がある。核スピンを操作する装置は、すでに広く普及しているのだ。何年も前から化学者たちは、化合物の分析にＮＭＲ分光計という高価な装置を使ってきた。化合物を磁場中に置き、高周波の電磁波パルスを使って核スピンを整列させる。そして結果をモニターに表示させる（これに似た磁気共鳴映像法「ＭＲＩ」という技術は、病院で臓器や組織の検査に使われている）。物理学者の中には多少大げさに、「人類はこれまでもずっと量子コンピュータを使いつづけてきた」と言う者もいる。そうとは気づかなかっただけだというのだ。

一九九〇年代初めから、スタンフォード大学、ロスアラモス研究所、マサチューセッツ工科大学、IBMアルマデン研究所、オックスフォード大学など数多くの研究機関が、既製のNMR装置を単純な量子コンピュータとして利用しようとしてきた。まず初めに、ふさわしい性質を持った分子を見つけるか、あるいは合成する必要がある。単純な例として、ABCDEという五つの原子が一列に並んだ分子を考えよう。キュビットも五つだ(普通の分子は他にも原子核を持っているが、それは計算には使わない)。この物質を液体に溶かし、一〇の二一乗(一兆の一〇億倍)個の分子を含んだこの溶液を容器に入れて、それをNMR装置の電磁石の中に置く。

分子の中の核は、初めはすべてばらばらな方向を向いている。1と0がランダムに混ざり合った状態だ。この白紙の状態から計算を始める。NMR装置の中では、強い磁場によって一億個に一個程度の核スピンが整列し、互いに同じ向き11111を向く。計算に使うのは、このごくわずかな割合の分子だ。この一〇兆個の量子コンピュータが、すべて同じ計算を行なうことになる。核スピンが整列すると、いっせいにある特有の電磁場の信号を発する。ノイズとははっきり区別できる信号が検出され、あるパターンとして画面上に表示される。

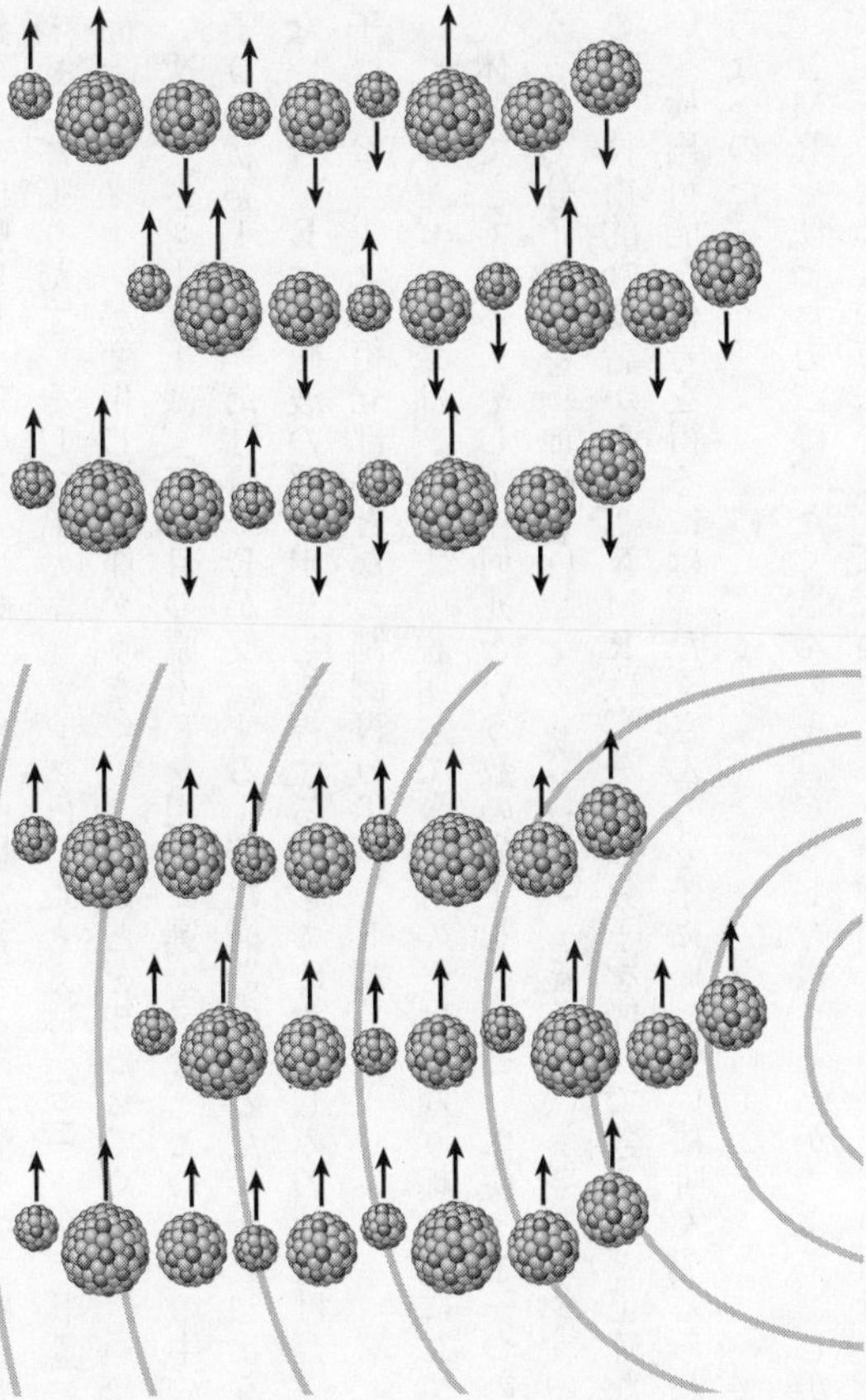

図 8-4　分子のスープ。溶液中では最初、原子核はランダムな方向を向いている。強い磁場を加えるとそのうちのいくつかが同じ向きに整列し、計算可能な状態になる。

キーボードの前に座ったオペレーターは、原子の一つ（たとえば原子C）をつまんで鈴のように鳴らし、そのスピンを1から0に切り替える。溶液の中では数兆個のCがいっせいに鳴りだす。そして鈴のネックレスは、たとえば11011という状態に変わる。画面上のパターンが変化し、操作がうまくいったことを知らせてくれる。

次にオペレーターは、五番目の原子Eを相手に選ぶ。今、この容器の中の分子は、原子Dが状態1のときだけ原子Eが反転するような構造のものだったとしよう。Dが1でない場合、Eは電磁波の呼び出しを無視する。すでにおなじみの仕掛けだ。あらゆる量子コンピュータの組立部品となる制御NOTゲートである。

このコンピュータは、これまで説明してきたものとはかなり趣を異にしている。まず液体でできている。そして、何兆という数の分子をいっせいに使って一つの計算を行なう（この分子集団を物理学者は「アンサンブル」と呼んでいる）。数多くの分子を使うのは、技術的な要請からだ。NMRは、一個の分子を操作できるほど正確な方法ではない。検出可能な信号を得るには、たくさんの分子にいっせいに叫んでもらわなければならないのだ。

NMRを使った方法は、たくさんのキュビットを扱うことができて、しかも壊れにくい。そのためこの方法を使えば、論理ゲートの開閉といった一回の演算だけでなく、長い一連の演算、つまりプログラムを実行させることもできる。(5) 一九九九年、スタンフォード大学とIBMアルマデン研究所の研究者たち（リーヴェン・ヴァンダーサイペン、マティアス・ステッフェン、アイザック・チュアンら）は、三ビットの分子コンピュータを使ってグローヴァーの整列アルゴリズムを実行させた。彼らの目標は控えめだった。八つの項目を含む「データベース」（二進数0, 1, 10, 11, 100, 101, 110, 111）を検索するというものだ。彼らは分子にパルスを五〇回連続で照射した。原子核という鍵盤を叩いて、一キュビットや二キュビットの論理ゲートからなるさまざまな和音を奏《かな》で、計算を正しく進めていった。その間、粒子の操作が何回も行なわれた。八つの項目から一つを検索するには、この手順を二回繰り返さなければならない。パルスは全部で一〇〇回となった。

たった八本の藁《わら》の中から一本の針を見つけるプログラムなど、実用的な検索エンジンには程《ほど》遠い。しかしスタンフォード大学の科学者たちは、さらに少しだけ歩を進めた。彼らはデコヒーレンスが起こるまでの時間を〇・五秒以上に伸ばし、その間何度も繰り返し計算を続けた。そして全部で二八〇回の演算を行なうことに成功した。

後に彼らは七個の原子を持つ分子を合成し、それを使って15という数の因数分解を行なった（答えはもちろん3と5だ）。装置はショアのアルゴリズムに従って手順を進め、時計の算数と波動解析を使って数列の周期を見つけた。そして古典的装置を使うよりも劇的に少ない回数の計算で、それを完了させた。暗号学者が気を揉《も》む必要はまだない。しかし今や、実用的な長さの暗号を解読するのに必要な演算を、実際に原子の世界で実行できることがはっきりしたのだ。

同時に操作できたキュビットの個数の最高記録は、二〇〇二年の時点ではまだ七個にすぎない。一〇キュビットの装置が実現するのもそう遠くないだろう。しかし多くの人が、従来のNMR装置を使ってさらに先に進むのは難しいだろうと考えている。分子中の原子核が増えるにつれて、一つ一つのキュビットの信号は相対的に弱くなり、それらを聞き分けるのが難しくなってくる。信号の強度が指数関数的に弱くなっていくのだ。特別なNMR装置を使えば、おそらく五〇キュビットまでの量子コンピュータなら作れるだろう。興味深い証明をいくつか行なったり、小さな素粒子集団の振る舞いをシミュレートするには、それで十分だ。しかし本格的な因数分解を行なうのに必要な個数には、はるかに足りない。

さまざまな手法の中でどれが先頭を走っているかは、定かでない。NMRはイオントラップや共振空洞QEDに比べて、はるかに長い時間コヒーレンスを保つことができる。一方イオントラップや共振空洞QEDには、スイッチングの速度が速いという長所がある。しかしこれまでに試みられた手法は、どれも大きな欠点を持っている。何個かのキュビットを操作するだけで、実験室いっぱいの装置が必要なのだ（NMR装置は、液体窒素や液体ヘリウムに浸した超伝導コイルを使って強力な磁場を発生させる。イオントラップは、超高真空と極低温を必要とする）。誰かが量子版マイクロチップを開発しないかぎり、量子コンピュータが広く普及するとは思えない。一個の原子や粒子をスイッチとして使う固体素子、ペンティアムQが完成するまでは。

現在それに最も近いのが、「量子ドット」と呼ばれる斬新な技術だ(6)。これは、原子で小さな柵を作り、その中に電子を閉じこめるというものだ。閉じこめられた電子は一個のキュビットとして振る舞う。そしてキュビット同士が電磁場やトンネル効果によって互いに作用しあい、論理演算を行なう。量子ドットはあらゆる技術の中でも最も大規模化が容易で、一〇〇〇キュビット以上にも拡大できるだろうと考えている研究者もいる。しかしデコヒーレンスまでの時間が非常に短く、実験も絶対零度に近い極低温で行なう必要がある。現在のところこの試みは、ほとんど軌道に乗っていない。

未来の量子コンピュータが今日のシリコンチップに似たもので作られると決めつけるのは、想像力欠如の証《あかし》かもしれない。ベル研究所のある科学者は、極低温に冷却した液体ヘリウムの液面に電子を浮かべて計算を行なう装置を提案している(7)。コンピュータを固体でなく液体にできるのなら、気体のコンピュータというものも考えられるはずだ。量子コンピュータの中身は、われわれが普通機械だと考えているものとはまったく違うものになるかもしれない。量子版ノートパソコンは、確かに夢物語かもしれない。しかし数百人の手で操作する体育館サイズの巨大量子コンピュータが実現しただけでも、これまで解けなかった問題が解決し、破られることのなかった暗号が解読できるようになる。そして科学の世界に大革命が起こるはずだ。たとえその装置に一〇億ドルが費やされたとしても、ライバルの国が突然強力な計算能力を手にする可能性を考えれば安いものだ。

今後どんな方法が見つかったとしても、わずかな攪乱によって計算が台無しにならないよう、繊細な量子データをうまく操作するという難題に、物理学者はどうしても直面しなければならないだろう。そこで、どのようにエラーを処理するかという問題が出てくる。どんなコンピュータでも、まちがってビットが反転すると厄介なことになるが、量子世界の場合は特に困ったことになるのだ。

古典的コンピュータの場合、エラーを発見して訂正するのは簡単だ。その鍵となるのが「重複（冗長性）」である。コンピュータや電話回線で正確にメッセージを伝えるには、同じものを三回送ればいい。そのうちの一つだけが違っていれば、おそらくその一つがまちがっているのだろう。多数決の原則だ。もちろん、二つあるいは三つ全部で同じエラーが起こる可能性も、わずかながらある。その場合はメッセージを五回や一〇回送ればいい。重複の回数を多くしていけば、すべてが同じエラーを起こす可能性はゼロに近づいていく。

もっと効果的な方法もある。メッセージが1011だとすれば、各ビットを三回ずつ繰り返し、111 000 111 111とする。送信中にビットの一つが反転して、111 000 101 111となったとしても、エラーはすぐに見つけることができ、簡単にもとに戻せる。

しかし同じ三つ組ビットにエラーが二回起こると、この方法ではうまくいかなくなる。その場合はデータを五回重複させればいい。1011を、11111 00000 11111 11111とするのだ。これなら同じ五つ組にエラーが二回起こっても、多数決で修正できる。回線の信頼性が低ければ、各ビットをさらに何回も繰り返せばいい。この当たり前に思える事実が、二〇世紀最大の知的偉業の一つであるクロード・シャノンの情報理論において、中心的役割を果たしている。どんなメッセージも、ビットを重複させていけば、好きなだけ高い正確さで送信できるのだ。

エラー防止のために一つ一つのビットを三回ずつ送るというのは、何の工夫もない方法だ。もっといいのは、メッセージに「パリティー・ビット」という目印を付ける方法だ。今、1011010というビット列を送りたいとしよう。まず1であるビットの個数を数える。その個数が偶数ならビット列の最後に0を付け加え、奇数なら1を付け加える。この例では1が四つあるので、10110100となる。データが届いたら、1のビットの個数を数え、それが最後のビットに一致するかどうか調べる。これは簡単にできる。もし一致しなければ、メッセージ部分のビットのどれか一つ、あるいはパリティー・ビットが壊れているはずだ。どのビットが壊れたかは知りようがないので、このデータは破棄するしかない。

どちらの方法も良かれ悪しかれだ。たった一個のビットを追加するだけで、七つのビットを保護できる。しかしエラーが見つかったら、データ全体を再送信しなければならない。エラーの確率が低く転送速度が速ければ、この単純なパリティー・チェックによる方法はうまくいく。電話回線を通じて別のコンピュータと接続するような、昔ながら(一九九〇年代ごろ)の端末ソフトを使ったことのある人なら、この方法はなんとなく覚えているはずだ。設定メニューの中で、「偶数パリティー」と「奇数パリティー」のどちらを使うか、そしてデータに七ビットを使うか八ビットを使うかを選択できたはずだ。

幸いなことに、もっといい方法がある。パリティー・ビットを二つ以上使えば、エラーの起こった場所を絞り込める。したがって再送信しなくても、受信側でエラーを訂正できる。単純な「ハミング・コード」（数学者リチャード・ハミングにちなんで名付けられた）という方法では、四ビットのメッセージ（ABCDとしよう）に三つのパリティー・コード（XYZ）を追加する。各パリティー・コードは、メッセージの中のある一部分のパリティーが奇数か偶数かに応じて、1か0に決定される。最初のパリティー・ビットXは、メッセージの一番目、二番目、三番目のビットABCに対応して決められる。二番目と三番目のパリティー・ビットYとZは、それぞれBCDとABDという三つ組に応じて決められる。これらの三つ組ビットは互いに重なり合っているので（これが肝心だ）、どのパリティーがおかしいかを見れば、エラーの場所を特定できる。

例として、1000というメッセージを符号化してみよう。最初の三つ組には1は一つしかない。1が奇数個なので、最初のパリティー・ビットは1となる。第二の三つ組には1はゼロ個。偶数なので第二のパリティー・ビットは0。第三の三つ組ABDには1が奇数個あり、第三のパリティー・ビットは1となる。そしてメッセージにこのパリティー・ビットを付けて、1000101を回線で送る。

もし途中で混信があれば、届いたメッセージはたとえば1010101に変わっているかもしれない。つまり三番目のビットが反転したということだ。しかし受信者はそれをどうやって知ればいいのか？　それには、三つの三つ組ビットのパリティーを計算し、それと届いたパリティー・ビットとを比較すればいい。まず、第一のパリティー・ビットが違っていることがわかる。したがってエラーは、最初の三つ組、ABCの中のどこかで起こったと考えられる。第二のパリティー・ビットもおかしいので、さらに手がかりが得られる。どうやらエラーは、第二の三つ組、BCDのどこかで起こったようだ。二つの三つ組は重なり合っているので、エラーはBかCのどちらかで起こったとわかる。第三のパリティー・ビットは正しいので、エラーは第三の三つ組、ABDの中にはないことがわかる。したがってBは無罪放免《ほうめん》、Cが犯人となる。そして1となっていたのを0に戻す、というわけだ。

このような絞り込みを行なえば、どのビットが壊れたかを知ることができる。三つ組同士が重なり合っているので、メッセージの中でエラーが起これば、必ず複数のパリティーがおかしくなるのだ（パリティーが一個だけ食い違った場合は、そのパリティー・ビット自体が壊れていることになる）。この方法を簡単に実行するには、どこにエラーが起こるとどのパリティー・ビットが食い違うかを記した表を作っておけばいい。もち

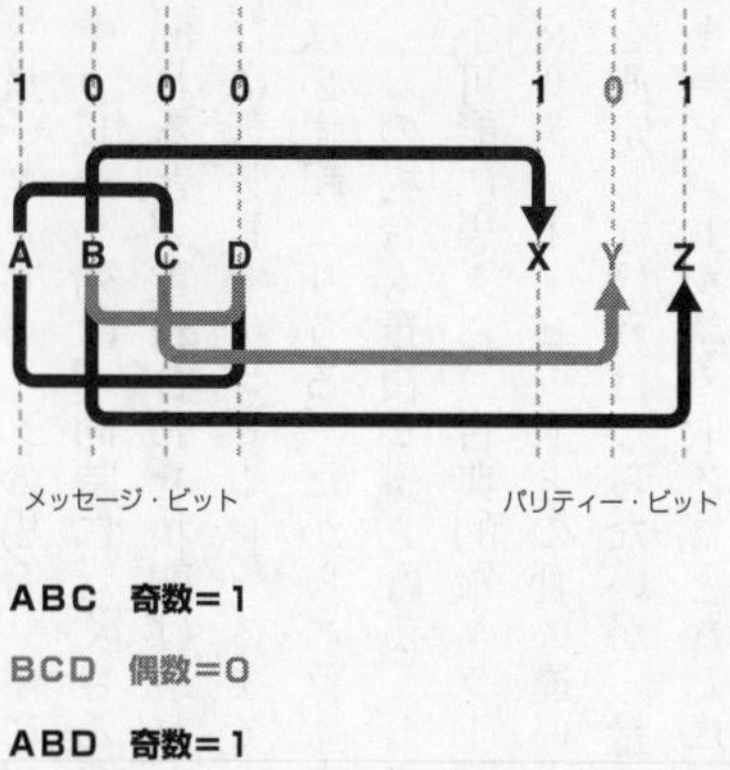

図 8-5　ハミングのエラー訂正コード。メッセージの中の三つ組ビットは、それぞれ異なるパリティー・ビットと関係づけられている。ビットの一つが壊れても、それを特定して修復できる。

ろん電子通信の場合、チェックは自動的に行なわれる。

CDプレーヤーなど大量のデータを復号化する装置では、さらに巧妙な方法が必要となる。その一つリード＝ソロモン・コード（数学者アービング・S・リードとギュスターヴ・ソロモンにちなんで名付けられた）は、「ガロア体《たい》算術」と呼ばれる理論にもとづいた方法だ。細かな手順は確かに複雑だが、メッセージを追加のビットによって保護するという基本的アイデアは、前の方法と同じだ。追加するビットの値を1にするか0にするかは、メッセージの中のさまざまなビットの組み合わせに応じて決まる。結果として、ビット同士の依存関係は複雑に絡まり合うことになる。あるビットが上向きなら、別のあるビットは下向きでなければならない。もしそうでなければ、何かがおかしいはずだということになる。

量子コンピュータの場合、単にビットが反転することだけが問題なのではない。長いキュビット列は、同時にたくさんの計算を行なう。わずかな攪乱によって系から情報が漏れると、重ね合わせ状態は壊れ、Φはランダムに1か0かに変化する。科学者がどんなに苦労してデコヒーレンスまでの時間を延ばしスイッチング速度を上げても、エラーは必ず起こりうる。だからエラーを訂正する方法はどうしても必要だ。(8)

この場合も重複が鍵となる。しかしこの方法をそのまま量子系に導入するのは、一見不可能に思える。古典的なエラー訂正の場合、メッセージの中の1と0のパターンと、パリティー・ビットとの食い違いを見つけなければならない。そのためにはビットの値を測定しなければならないが、量子系は測定すれば壊れてしまう。量子コンピュータは、キュビットを読み取ることなしにエラーを見つけ、訂正できなければならないのだ。このパラドックスは何年もの間、量子コンピュータは実現不可能だという主張の根拠とされてきた。このような壊れやすい系ではエラーはしょっちゅう起こるが、それを直そうとすれば状況はさらに悪化し、ますますデコヒーレンスが引き起こされてしまうと考えられていた。

一九九〇年代初め、突破口が見つかった。量子エラー訂正は理論的に可能であることが証明されたのを受けて、オックスフォード大学の科学者アンドリュー・スティーンと因数分解アルゴリズムの発明者ピーター・ショアが、二年間をかけてそのアイデアを発展させた。(9) 彼らは、意外にも量子力学の持つ奇妙な側面を利用すれば、キュビットを実際に読み取って壊してしまうことなしにそのエラーを訂正できることを示した。鍵となるのは、二つの粒子を永遠に道連れにさせる現象、絡み合いだ。一方の粒子が上向きのスピンを持てば、もう一方は必ず下向きのスピンを持つ。絡み合い自体が、ある種の重複をもたらす仕掛けとなっているのだ。これを利用すれば、キュビットの値を知ることなしに、エラーが起こったかどうかを判断し、それを訂正できる。系から何も情報が漏れなければ、測定が行なわれたことにはならず、計算が台無しになることもない。

ここまで述べてきたさまざまな概念の中でも、量子エラー訂正は最も言葉で説明するのが難しい（ある科学者による次の説明は、われわれにはまったく役に立たない。「量子エラー訂正は本質的に、ある有限次元のヒルベルト空間を別のさらに高次のヒルベルト空間の中に埋め込むことに相当する」(10)）。しかしこの概念のさわりだけなら、あまり正確ではないが、ある比喩を使って説明できる。

ハミング・コードは、一種の古典的な絡み合いだと考えることができる。メッセージ部分のビットは、パリティー・ビットと関連を持っている。どれかが上向き（1）ならば、別のどれかは下向き（0）でなければならない。そしてこの依存関係を調べれば、エラーを発見して訂正できる。そこでこの仕掛けを少し改良して、メッセージ・ビットとパリティー・ビットが常に動的な形で関連しあうようにしたとしよう。伝送中にどれかのビットが反転すると、なんらかのからくりによって、それと対応するパリティー・ビットも反転し、依存関係が正しく保たれるということだ。たとえば、四つのメッセージ・ビットと三つのパリティー・ビットからなる1000101というビット列を送るとしよう。四番目のビットが反転して1000が1001に変わると、ただちにパリティー・ビットも101から110に更新される。回線を流れるメッセージ自体が、小さな機械として機能するということだ。

この仕掛けをさらに改良しよう。四ビットのメッセージを、二組のパリティー・ビット列で挟み込むのだ。そして右側のパリティー・ビットは、途中で変化しないようにする。これは記憶レジスタとして働き、メッセージの本来のパリティーを知らせてくれる。一方左側のグループは動的に更新されるようにする。メッセージ・ビットと関連させ、伝送中の変化に応じて随時更新されるようにするのだ。メッセージが届いたら、この二

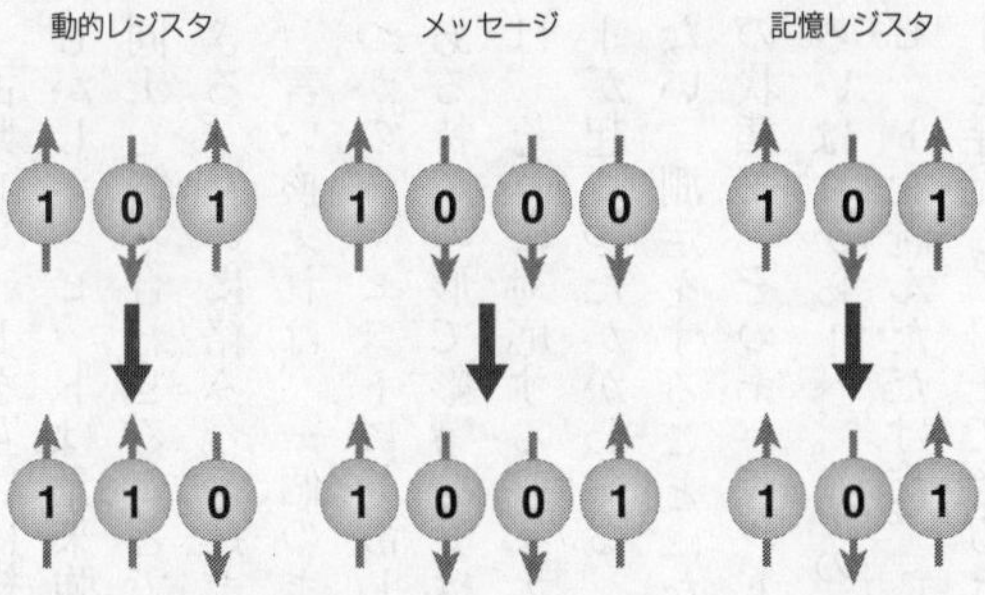

図 8-6　伝送中に自らで訂正を行なうメッセージ。スピンを持った粒子の列によって表現した量子情報「1000」が伝送中に影響を受け、最後のビットが０から１に変化した。しかしメッセージ・ビットは左側のレジスタと絡み合っているので、レジスタの値も一緒に変化する。受信者は左側のレジスタと右側のレジスタとを比較すればいい。

組のパリティー・ビットを比較する（メッセージにはさらに別の依存関係が組み込まれており、自動的にこの比較を行なえるようになっている）。

メッセージ・ビットが1000から1001に変化すると、二つのパリティー列は食い違ってくる。そしてその食い違いからただちに、四番目のビットに問題が起こったことがわかる。しかし実際にそのビットを調べ、それが１なのか０なのかを知る必要はない。今は二進数を使っているので、ビットがまちがっているとわかったら、１であろうが０であろうが単にそれを反転させればいい。目をふさいでメッセージを読まないようにしたままで、ビットを反転させるのだ。ビット同士が互いの情報を読み合うだけで、系から情報は漏れない。

古典的ビットを互いに結び合わせ、伝送中に相互作用させるような方法は存在しない。しかしキュビットは元来強力だ。量子力学（不気味なEPR効果）を使ってキュビット同士を絡み合わせることで、今説明したような仕掛けをメッセージに組み込むことができる。互いに絡み合ったキュビットは、瞬間的に影響を及ぼしあうのだ。

言い換えれば、一個のキュビットの値は、絡み合いという量子的重複性によっていくつかのキュビットに分散している。そのうちの一つが壊れると、別のキュビットの値はある特定の形で影響を受ける。あるキュビットの集団にエラーがあるかどうかを知るには、それに対応するパリティー・キュビットの値を読めばいい。そうすればどこにエラーが起こったかがわかる。しかし、ビットの値がどう変化したかを知ろうとしてはならない（測定をすることになるからだ）。そこで、問題のキュビットの値を知らないままの状態で、そのキュビットに適当なパルスを照射して値を反転させる（1から0へ、あるいは0から1へ）。そのキュビット自体は読んではいない。それを保護していたキュビットを読んだだけだ。このようにして、量子世界から情報を漏らすことなしに、エラーを発見して訂正できるというわけだ。

こうしたエラー訂正の方法は、余分なビットを大量に必要とする。最初の提案では、一個の1や0やΦを記録するのに、九個ものキュビットが必要だった。その後必要なキュビットの数は五個にまで減らされたが、それでもたった一ビットのエラーを防ぐのにその五倍もの原子（あるいは他の量子レジスタ）が必要だ。もし二個や三個、それ以上のキュビットにエラーが起こるとしたら、どうなるだろうか？複数のエラーを防ぐには、それぞれのキュビットを何十個もの余分なキュビットで挟み込まなければならない。しかもエラーが見つかったら、それを訂正する過程でさらにエラーが潜り込まないかを気にしなければならない。それを防ぐには、さらに多くの余分なキュビットが必要となる。

しかしまったく手に負えないわけではないようだ。理論上は、余分なキュビットが十分にありさえすれば、大きな数の因数分解や暗号解読を実行できるほど正確なコンピュータを作ることができる。古典的コンピュータで永遠の時間がかかるような数百桁の数の因数分解を行なうには、量子コンピュータでは数千個や数万個のキュビットが必要となるようだ。

現在の技術を考えると、とんでもない話のように思える。しかし一九四〇年代、エニアックのような部屋いっぱいの大きさのスーパーコンピュータには、何千個という壊れやすい真空管が使われていて、焼き切れるたびにしょっちゅう取り替えなければならなかった。仮に当時誰かが、大量のデータを高速で処理し、画面上にフルカラーの動画を表示させるといった大事業を計画したとしよう。そのためには、プロセッサを作るのに数百万個、メモリを作るのに数十億個もの真空管が必要となる。さらに真空管の信頼性の低さを考えると、エラー訂正のためにはその何倍もの数が必要になる。誰もがばかげた話だと思ったはずだ。しかし今やそうした機械は、何百万人もの机や膝《ひざ》の上に鎮座《ちんざ》している。パソコンだ。唯一の本質的違いは、真空管がシリコン上に刻まれたマイクロチップのトランジスターに置き換わったことだけなのだ。

量子エラー訂正の方法が発見された数年後、ロスアラモス研究所のマニー・ニルとレイモンド・ラフラムは、実際にNMRを使って、一個のキュビットを別の四個のキュビット（すべて同じ分子の中にある）と絡み合わせるための単純なプログラムを実行した。そして、巧みに組まれたパルス列を使って意図的にエラーを起こし、そのエラーを発見して、さらにそれを訂正することに成功した。(11)

エラー訂正には確かに複雑な方法が必要だ。しかし、十分な重複性があれば、どんなに長い計算でも量子コンピュータで実行できることを、科学者は明らかにした。少なくともそれを妨げるような物理法則は存在しない。アルゴリズムが複雑になるにつれてより多くの余分なキュビットが必要になるが、幸いなことにその数は指数関数的に増加するわけではない。そんな膨大な数の量子ビットを扱える技術を、まだ誰も知らない。しかし研究は始まったばかりだ。宇宙にあるすべてのものが量子からできている。そしてそのどれもが、キュビットとして使える可能性を持っている。まだ膨大な選択肢が残されているのだ。

第9章　絶対堅牢な暗号「量子暗号」

量子を使った暗号解読が可能になるよりもずっと前に、別の分野の物理学者がその完璧な対抗策を開発してしまうかもしれない。量子力学の力を利用すれば、絶対に破られない暗号を作ることができる。そしてその安全性は、物理法則によって保証されるのだ。

絶対に破られない暗号を作るのは、古典的世界でも可能だ。(1) メッセージを長い数に変換し、それを同じ長さのランダムな数と足し合わせればいい。この鍵が擬似乱数ではなく、たとえば原子核崩壊から得られるような真にランダムな乱数ならば、送信者と受信者以外、誰もこの暗号を解読できない。誰一人どんなパターンも見つけられず、どんな手がかりも得られない。しかしそれはあくまでも、この鍵自体が盗まれない場合の話だ。そしてもちろん、それこそが問題である。鍵を守るための絶対確実な方法はない。現在安全な情報通信を可能にしているのは、長い数の因数分解がほぼ不可能だという事実だけだ。もし量子コンピュータが完成すれば、この安全性は吹き飛んでしまう。

それならば、量子力学に対して量子力学そのもので対抗したらどうだろうか？「目には目を」の精神だ。一体どうすればいいのか、すでにヒントは出ている。量子力学の世界では、情報を壊すことなしにそれを読むことはできない。盗聴しようとすればすぐにばれてしまうのだ。そして、EPRの「離れて及ぼしあう不気味な作用」のような量子効果を使えば、古典物理学では不可能だった巧妙な方法によって、送信者と受信者を結びつけられるかもしれない。

物理学者はこうしたアイデアを組み合わせて、盗聴不可能な秘密鍵を生成し送信する方法を考え出した。量子力学を使えば、離れた場所にいる送信者と受信者が、長いキュビット列からなる同じ乱数を同時に手にできる。その際、その数自体を実際に送信する必要はない。しかも、その情報を盗聴しようとすれば、すぐにばれてしまうのだ。実験ではすでに、量子鍵を何キロも離れた場所に送ることに成功している。この分野の研究者の多くは、こうした通信手段が、量子情報を現実世界に応用した初めての例になるだろうと考えている。

もともと量子暗号というアイデアは、量子を使った紙幣の偽造防止という、単なる奇

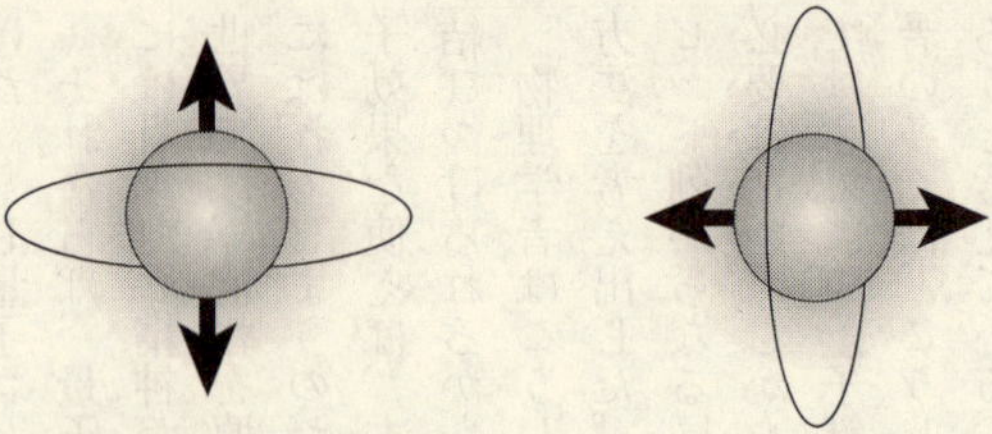

図 9-1　垂直方向か水平方向かのスピンを持つ光子。

妙な思考実験から生まれた。何世紀にもわたって各国政府は、紙幣の偽造を困難にするために、すかしや特別なインクや細い糸を使ってきた。十分な資金と才能があれば、こうした防止策を出し抜くのは可能だ。しかし量子情報をコピーするのは不可能である。そのためには測定を行なわなければならず、その際に重ね合わせ状態は壊れてしまうからだ。だとしたら、キュビットを使って通し番号を付けた紙幣を作ったらどうだろうか？ 量子符号を読み取ろうとすると、その紙幣は通用しなくなってしまう。偽造犯は正確なコピーを作れないだけでなく、本物もだめにしてしまうことになるのだ。

このアイデアは、一九六〇年代終わりにコロンビア大学の大学院生スティーヴン・ウィースナーが思いついた。[2] 彼は、各キュビットを表現するのに光子を使った。粒子が上向き（反時計回り）と下向き（時計回り）のスピンを持ちうるというのは、すでにおなじみの事実だ。しかし光子はさらに別の選択肢も持っている。光子は軸を倒した横向きのスピンも

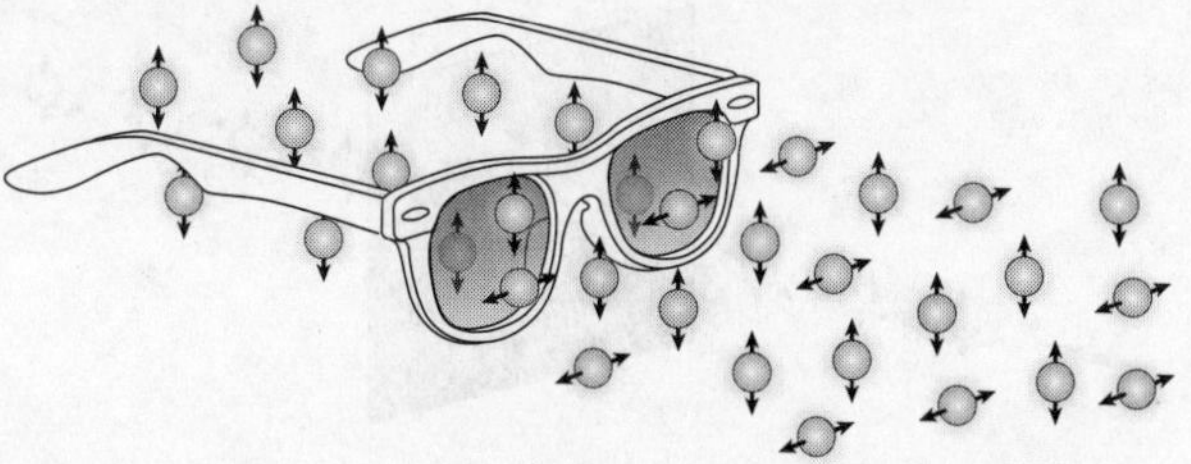

図 9-2　偏光フィルター。特定の向きのスピンを持つ光子だけが通過する。

取りうる。

別の言い方をすれば、光は垂直方向や水平方向に「偏光《へんこう》」しうるということだ。偏光サングラスは、この現象を使ってまぶしさを抑えている。道や車のフロントガラスで反射した光は、たいていその反射面と同じ水平方向に偏光している。レンズには垂直方向に細かい格子が入っていて、それがフィルターとなって水平に偏光した光を遮る。レンズを九〇度回転させると、まぶしい光はそのまま素通りしてしまう。レンズを二つ重ね、互いに九〇度の角度をなすようにずらしてみよう。するとどちらの向きに偏光した光も遮られ、ほとんど何も見えなくなる。

光は、ミクロに見れば光子からできている。レーザービームの途中に偏光フィルターを置き、それを縦か横かに向けると、垂直方向（スピンが上向きか下向きか）あるいは水平方向（スピンが左向きか右向きか）

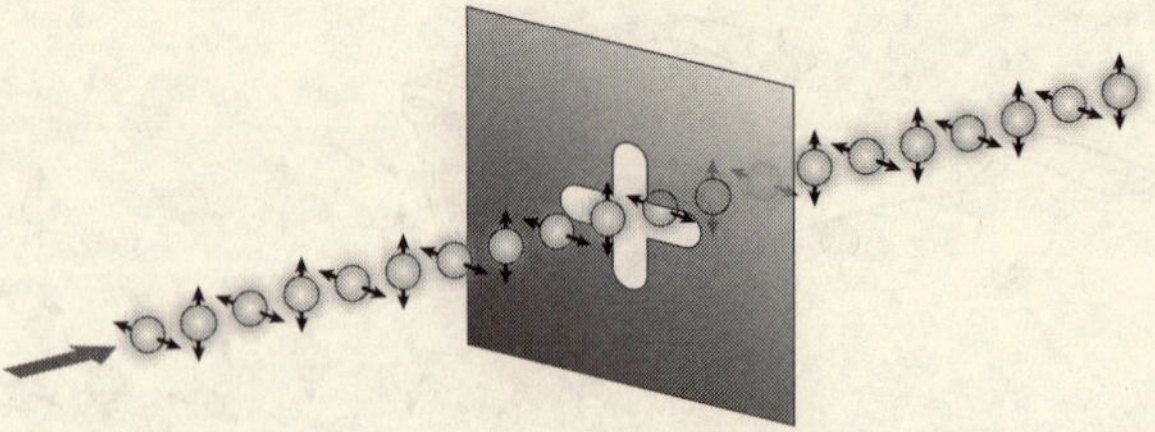

図 9-3　十字型のフィルター。垂直方向か水平方向に偏光した光子だけが通過する。

に偏光した「直交《ちょっこう》」光子が得られる。またビームは別の方向に偏光させることもできる。フィルターを斜めにすれば、四五度あるいは一三五度に偏光した「斜交」光子が得られる（これはもちろん、直交光子を別の角度から見たものにすぎない）。

今、「|」と「\」という向きに偏光した光子で二進数の1を表現し、「—」と「/」という向きに偏光した光子で0を表現すると決めよう（これは前に説明した方式と少し違うが、基本的考え方は同じだ）。これらはキュビットなので、互いに不思議な形で結びつけることができる。ハイゼンベルクの不確定性原理によれば、位置と運動量のような特定の量は互いに両立しえない。一方の精度を上げていくと、もう一方はどんどんあいまいになっていく。この相補性と呼ばれる原理は、直交方向の偏光と斜交方向の偏光にも当てはまる。一方を正確に測定すると、もう一方の情報は壊

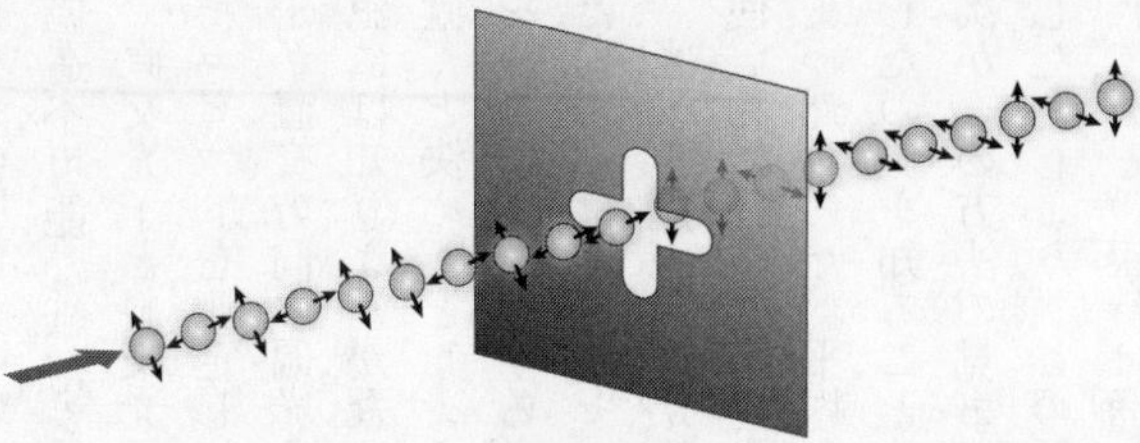

図 9-4　斜交光子は垂直方向か水平方向どちらかのスピンを持つようになる。どちらになるかはランダムに決まる。

されてしまうのだ。この性質こそが、偽造防止技術の鍵である。

今、水平か垂直かに偏光した光子があるとしよう。これを「＋」の形をした直交フィルターに通しても、光子はそのまま通過するだけだ。

では次に斜交光子を通してみよう。四五度に傾いた矢印は、垂直方向の矢印と水平方向の矢印の中間的存在だと考えることができる。つまり、それぞれを五〇パーセントずつ重ね合わせた状態だということだ。この光子を直交フィルターに通すと、重ね合わせ状態は壊れ、水平か垂直のどちらかの偏光を持つようになる。そしてどちらになるかはランダムに決まる。もはや偏光方向は垂直か水平のどちらかになってしまっていて、その光子がもともと四五度に偏光していたのか一三五度に偏光していたのかという情報は消えてしまった。直交方向の測定は、斜交方向の測定を妨げる。ハイゼンベルクの原理そのものだ（図9-4）。

偽造不可能な紙幣を作るには、紙幣の上になんらかの形で（これは単なる思考実験だ）直交光子と斜交光子を一列に並べればいい。偽造犯がこの符号をコピーするには、各キュビットを測定してそれぞれの偏光方向を決定しなければならない。しかし、どの光子が直交方向の偏光を持っていて、どの光子が斜交方向の偏光を持っているかは、偽造犯には知りようがない。推測する以外に方法はない。たとえばフィルターを直交方向に置くと決めたとしよう。もし光子が直交方向に偏光していれば、この光子はフィルターをそのまま通過する。しかし偽造犯が推測を誤って、光子が斜交方向の偏光を持っていた場合には、ハイゼンベルクの原理が顔を出してくる。フィルターは五分五分の確率で、光子を垂直方向か水平方向のどちらかに偏光させるのだ。どちらにしてもこの情報は使い物にならない。もともとその光子がどちらを向いていたかという情報は失われてしまったからだ。平均を取れば二回に一回は測定に失敗するが、偽造犯はどの測定が失敗したのかを知ることはできない。

次がこの方法の見事な点だ。偽造犯が、コピーし損ねた符号の記された偽札を使おうとしたとしよう。この紙幣には、従来のインクで印刷された通常の通し番号も一緒に記されている。銀行は通し番号とキュビットのパターンとを対応させた表を見て、紙幣が本物かどうかをすぐに商店に知らせることができる(銀行の行なう測定でもキュビットの符号は消えてしまうので、その紙幣を再び市中に戻す前に、キュビットを書き直さなければならない)。実は偽造犯は、もともと持っていた本物の紙幣を使おうとした時点で運が尽きる。複製しようとしたときにその量子符号を消してしまっているからだ。

実際に量子紙幣が作れるとは誰も思っていなかった。光子はごくわずかな時間しか一カ所に留めておけないし、しかもそれには絶対零度に近い極低温が必要だ。紙幣は一枚一枚、高価な低温装置を積んだ冷凍車で運ばなければならない。しかし理論そのものに問題はない。金融の法則は量子紙幣の存在を認めないだろうが、物理法則は違うのだ。

ウィースナーはこのアイデアを、大学時代のルームメイト、チャールズ・ベネットに教えた。彼は現在、ニューヨークのヨークタウン・ハイツにあるIBMのトーマス・J・ワトソン研究所に勤めている。ウィースナーから話を聞いた何年も後にベネットは、プエルトリコで開かれた学会の場でこのアイデアを、モントリオール大学のコンピュータ科学者で暗号学者のジル・ブラッサールに話した。興味を持った二人は、量子法則を使った暗号化の方法について考えはじめた。なんらかの量子チャンネルを通じて情報を送れれば、盗聴によって情報はランダムな攪乱を受け、受信側は簡単に盗聴の事実を知ることができるかもしれない。すぐに彼らは細かい計画を練りはじめた(3)。

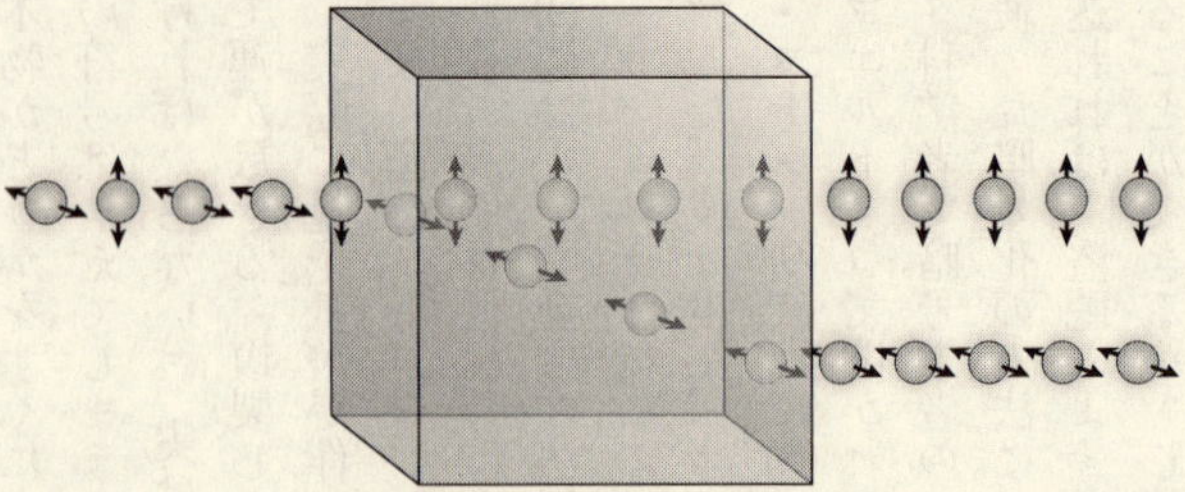

図 9-5　光子のふるい。この結晶は、水平方向に偏光した光子と垂直方向に偏光した光子を選り分ける。

透明な方解石の結晶は特別な光学的性質を持っていて、光子をふるい分けるのに使える。結晶を水平に置き、横から光を当ててみよう。水平方向に偏光した光子はまっすぐ通過するが、垂直方向に偏光した光子の通り道はわずかにずれるのだ（図9‐5）。

今、光子源を四五度回転させたとしよう。すると結晶に入射する光子は、直交方向でなく斜交方向に偏光したものとなる。斜交光子は垂直偏光の光子と水平偏光の光子の重ね合わせなので、結晶に入射するとどちらかの偏光方向を選ばなければならない。垂直になるか水平になるかはランダムに決まり、もともとどちらに偏光していたかという情報は失われてしまう。思考実験が現実味を帯びてきた。直交光子の場合、偏光方向が垂直なのか水平なのかは正しく記録されるが、斜交光子ではランダムな結果になる。

次に逆の状況を考えよう。結晶を四五度回転させる。

今度は斜交光子の場合に「／」か「＼」かが正しく記録され、直交光子の場合にランダムになるはずだ。垂直の線や水平の線は、斜めの線同士の重ね合わせだからだ。

ベネットとブラッサールは、このアイデアを使えば暗号鍵を安全に送れると考えた。しかし実は、鍵を実際に送信する必要はなく、送信側と受信側で同時に生成すればいいのだ。

AからBにメッセージを送る場合、暗号学者は習慣的にこの二人をアリスとボブと呼ぶ。鍵を生成するためにアリスは、ボブに向けて光子流を送信する。その際アリスは持っているフィルターを使って偏光方向をランダムに変え、直交光子「｜」「―」と斜交光子「／」「＼」のどちらもが光子流に含まれるようにする。

ボブは、届いた一個一個の光子を測定して、結果を記録する。偽札作りの場合と同様に、ボブは自分のフィルターをどちらに向ければいいのか知りようがない。推測しなければならないのだ。たとえば、最初の光子が水平方向に偏光していて、ボブはフィルターをたまたま直交方向に向けたとしよう。彼は正しい選択をしたわけだ。あるいは光子が垂直方向に偏光していた場合にも、正しい答えを得ることができる。しかし、もし光子が四五度や一三五度に偏光していたら、ボブはその光子を不適当なフィルターに押し込んだことになって、測定は失敗する。アリスが送信を終えれば、ボブの測定結果の表も完成する。しかしまだこの時点でボブは、どの測定が成功し、どの測定が失敗したか、そして何回成功したかを知らない（図9－6）。

アリスに電話をかければ、各光子が最初はどの方向に偏光していたかを知ることができる。しかしそれでは本来の目的に合わない。盗聴者イヴが聞き耳を立てているかもしれないからだ。しかし別の方法がある。ボブはアリスと電話かEメールかで連絡をとって、自分の測定結果は伏せたまま、各測定でフィルターをどちらに向けたかを知らせる。ボブはアリスに、「光子1はフィルターを直交方向に向けて測定した」と伝える。アリスはボブに、「その選択は正しかった」と返事をする。この時点でボブは、自分の測定結果（「水平に偏光している」）が正しかったことを知る。しかしそのことをアリスに言う必要はない。もともとアリスが送った光子なのだから、アリスはその光子の偏光方向を最初から知っている。アリスとボブは自分の表の光子1にマル印を付け、次に進む。ボブは、「光子2のときはフィルターを斜交方向に向けた」と伝える。アリスは「まちがっていた」と返事する。ボブがどんな測定結果を得ていようが、それはまちがっているので、二人は光子2にバツ印を付ける。(4)

このようにして最後まで続け、失敗した測定の結果を捨てれば、アリスとボブは同じランダム列を得ることができる。二人はそれを二進数に変換する。「｜」と「＼」を1

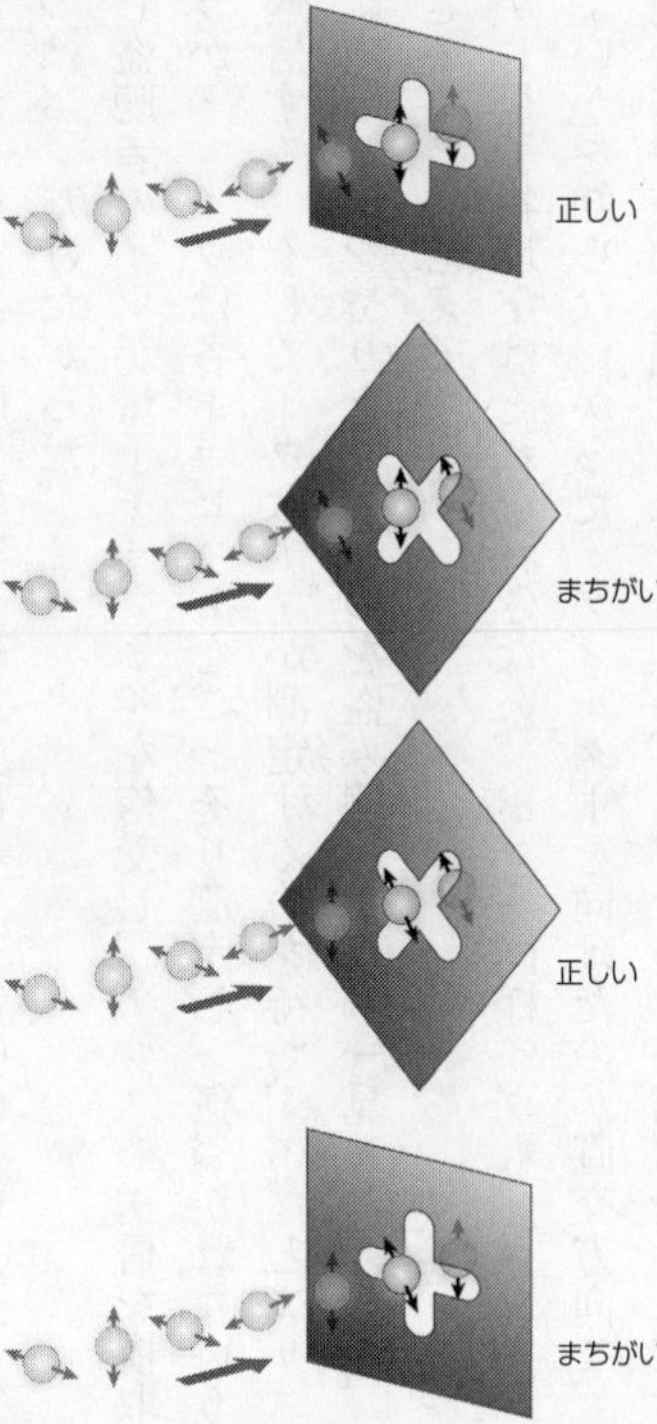

図 9-6　ボブは光子流を受け取る際に、フィルターをどちらに向ければいいかを推測する。推測が正しければ、正しい測定ができる。推測がまちがっていれば、光子は本来とは違う方向の偏光を持つようになる。

に、「|」と「/」を0に変える。これで二人はメッセージを暗号化するための鍵を手にしたことになる。アリスは文章を二進数に変換し、この鍵と足し合わせる。そしてその答えを古典的チャンネルを通じて送信する。新聞に載せたり、テレビで放送したりしてもかまわない。この時点で安全性を気にしても意味はない。引き算すべき数を知っているのはボブだけだからだ。

もし盗聴者のイヴが量子チャンネルを傍受し、アリスの送信を横取りしたらどうなるだろうか? イヴは各キュビットをこっそり測定し、気づかれないうちにすばやくボブに再送信する。そしてイヴはボブが測定するのを待ち、ボブとアリスがフィルターをどちらに向けたかをやりとりするのを盗み聞きする。一見したところ、三人ともが鍵を手にできるように思える。

しかし量子物理学はそれを許さない。ボブと同様イヴも、フィルターをどちらに向ければよいかを知らないからだ。フィルターを向けたのが直交方向で、やってきたのが垂直方向か水平方向に偏光した光子なら、イヴは正しい情報を手にできる。同じ性質の光子をボブに送れば、盗み聞きしたことは隠し通せる。しかしやってきた光子が斜交方向に偏光している場合もある。つまり二回に一回はまちがったデータが得られてしまう。イヴは光子がもともと斜交方向に偏光していたとは知らずに、ボブに垂直方向か水平方向に偏光した光子を再送信してしまう。そしてアリスとボブは、この食い違いを簡単に検出できる。

データが第三者に見られたかどうかを知るには、正しかった測定の結果（二人がフィルターを同じ向きに向けたときの結果）の一部を電話で突き合わせればいい。二人のデータが一致すれば、誰も傍受しなかったことが確認できる。そして突き合わせた部分のビットは捨て（イヴが聞いているかもしれない）、残ったビットを鍵に使う。もしデータに食い違っている部分があれば、誰かが盗聴していたことになる。その場合、二人はすべてのデータを捨て、最初からやり直す。

プエルトリコでの学会からちょうど一〇年経った一九八九年、ベネットとブラッサールは思考実験の段階を終え、世界で初めて量子暗号の送信を成功させた。二人は発光ダイオードとポッケルス・セルという装置（電気信号によって自動的に回転する偏光フィルターだと考えればいい）を使い、実験台の端から端まで約三〇センチの距離にわたってメッセージを送信した。そしてアリスとボブ（パソコンでシミュレートされた二人）は、同じ秘密鍵を手にした。

その後スイスで行なわれた実験では、光ケーブルの電話回線を通じて、ジュネーブからローザンヌまでの距離でキュビットが送信された。最近この技術は商用化された。

「ｉｄクオンティーク」というメーカーの顧客は、アリスとボブと名付けられた二つの卓上型の装置を使って、七〇キロの距離にわたり量子鍵を送ることができる(5)(電線を使うのがどうしてもいやなら、もう少し待たなければならない。ニューメキシコ州ではロスアラモス研究所の研究者が、量子鍵を空中で一・六キロ以上送信することに成功した(6))。

こうした実験はどれもまだ、単に原理を検証したという段階を抜け出してはいない。論文を詳しく読めばがっかりするはずだ。現段階ではまだ、光子一個ずつをそれぞれ一つのキュビットとして送信するのは不可能だ。技術はそこまでは進歩していない。そこで代わりに、弱い光のパルスがキュビットとして使われている。この方法はそこそこうまくいくが、盗聴される可能性は残ってしまう。思考実験に立ち返って、イヴがボブとアリスの途中にハーフミラーを置き、一個一個のパルスを少しずつ横取りしたとしよう(7)。一つのビットが同じ向きに偏光した複数の光子から構成されていれば、イヴはそこから少しだけ光子をくすね、アリスがどのフィルターを使ったかがわかるまでそれを保存しておけばいい。ボブとアリスがパルスをできるだけ弱くすれば、イヴが盗聴するのはかなり難しくなる。しかし光を弱くすれば、送信できる距離も短くなってしまう(8)。

この欠点は致命的ではない。データを量子的に暗号化し、同じ建物やＡＴＭのような装置の中で送信できるだけでも、大きな意味がある。もし距離が長ければ、いくつかの区間に分割すればいい。光ファイバーで古典的データ（キュビットではなく単なるビット）を送る場合にも、中継器という装置を使って途中でパルスを増幅している。しかし量子データの場合、同じ方法は役に立たない。中継器は信号を何度も測定してコピーするので、量子データは増幅できないのだ。そこで代わりに、中継点ごとにメッセージを解読し、そのつどそれを再び暗号化していけばいい。ボブ、キャロル、テッド、アリスが次々に暗号を中継していくということだ。中継点に届いた信号が弱ければ、それを解読して再び暗号化する。量子データを古典的データに変え、それを再び量子データに変える。それをずっと続けていけばいいのだ。

ここまでの説明では、ボブはアリスから光子を受け取ると同時に、それを測定にかけていた。しかし特に中継点では、偏光した光子を一旦保存し、必要なときに貯蔵庫から出すようにできれば便利だ。ベネットとブラッサールが実験計画を立てた後、オックスフォード大学の理論科学者アルトゥール・エカートは、EPR効果を使った別の方法を考え出した[9]。一個の原子から反対方向に飛び出した二個の光子は、互いに絡み合っている。同時に二方向に自転するそれら二つの光子は、互いに量子力学的な相関を持っている。一方の光子を測定すると、その自転方向はどちらか一方に決まる。そしてその相棒は、どんなに離れていようが瞬間的に反対方向の自転をとるようになる。

アリスは、互いに絡み合った二個の光子を生成させ、一つを自分で持ち、もう一方をボブに送る。そして二人とも、必要になるまで光子を保存しておく。メッセージを交換したくなったら、二人は自分の低温貯蔵庫から光子を取り出していろいろな測定を行ない、電話で連絡を取る。ベネットとブラッサールの方法と同様、二人は測定結果は口にせずに、フィルターをどちらに向けたかだけを知らせ合う。二つの光子は互いに絡み合っているので、もしボブの光子が水平方向に偏光していたら、アリスの光子は垂直方向に偏光しているはずだ。そしてその逆も言える。このことを利用すれば、二人は同じランダムな鍵を手にできるのだ。

二人が異なる角度(たとえば三〇度や四五度ずれた角度)でフィルターを置いた場合のことを考えよう。こうした測定の失敗例を解析すれば、イヴが盗み聞きしたかどうかを知ることができる。詳しい説明は省くが、ベルの不等式と呼ばれる有名な定理によれば、互いに絡み合った二個の粒子は、どんな古典的物体よりも強い相関を持っている(詳細は細目に記した)。[10] この定理を理解して説明するのは非常に難しい。しかし、結論はこうだ。アリスとボブが異なる角度でフィルターを置いた場合、二人の測定は、つじつまが合う（ボブは水平方向、アリスは垂直方向）こともあれば、つじつまが合わないこともある。しかし、二人のフィルターの角度のずれが一定の場合、二人の得る結果は古典物理学で許されるよりも高い確率で一致する。ここで送信中に誰かがボブの光子を測定すれば、純粋な量子状態は壊れ、二つの光子の相関は古典的に許される程度にまで減少することになる。

理屈の上では、EPR効果は「量子テレポーテーション」と呼ばれるものにも応用できる。[11] 粒子の持つさまざまな属性（質量、スピンなど）をコピーして別の粒子に転送し、もとの粒子の複製を作れるのだ。この過程でもとの粒子の属性は失われる。量子テレポーテーションは『スター・トレック』に登場するものとは程遠いが、それでも理論家たちを驚かせるには十分だ。そもそも、量子情報を壊すことなしにそれを読み取るのは不可能だと考えられてきた。しかしEPR効果を使えば（詳細は省く）、測定することなしに、別の粒子に情報を移すことができる（この技術は量子エラー訂正に似ている。壊れたビットは実際に読み取らなくても検知できる）。最後に送信者は古典的チャンネル（電話など好きな経路）を使って、オリジナルを再構築するのに必要な残りのデータを送ればいい。

量子暗号は量子コンピュータより早く実現するだろう。しかし実用化はまだ初期段階だ。思考実験の中で理論家たちは気楽に、光子を一個ずつ生成して操作し、空中に飛ばし、それをそのまま回収して、好きな時間だけ保存している。実際にはどの操作も言葉で言うより難しい。しかし少しずつだが着実に進歩している。ケンブリッジ大学と東芝の科学者は、一度に一個ずつしか光子を放射しない発光ダイオードを開発した。[12] ただこれは極低温でしか動作しない。また、マサチューセッツ工科大学とアメリカ空軍、そして他の二つの研究所の科学者たちは最近、極低温に冷却した結晶中に光子を一時的に蓄積させ、光を凍結させることに成功した。[13]

道のりはまだ遠い。その間にも古典的暗号技術は、鍵を長くすることでどんどん堅固になっていくはずだ。誰かが実用的な量子コンピュータを作るまでは。

第10章　宇宙一の難問——タンパク質折りたたみ・巡回セールスマン・バグ検証

生物学者を長年困らせてきたある問題を、タンパク質分子は生物圏の至る所で絶えずやすやすと解いている。一個のタンパク質分子は、アミノ酸分子が何百個も数珠《じゅず》つなぎになったものだ。しかしタンパク質が機能を発揮するには、アミノ酸の鎖をその機能に適した特有の三次元構造へと、自ら折りたたむ必要がある。アクチンやチューブリンといった構造タンパク質は、細胞の支柱としての役割を果たす。他のタンパク質はミクロの機械として働く。クロロフィルは光を糖に変えて植物に栄養を与え、ヘモグロビンはまるで微小な肺のように、酸素を吸収して二酸化炭素を放出する。こうしたタンパク質のことを「自然のロボット」と呼ぶ生化学者もいる。(1)

不思議なのは、新たに作られたタンパク質分子が、どうして自分の折りたたみ方を

「知っている」のかだ。タンパク質分子は、膨大な折りたたみ方の中から一つだけを選びだし、正しい形へとまとまっていく。一枚の紙をくちゃくちゃに丸める方法は数限りなくある。それを毎回同じ形に丸めなければならないのだ。

通常のタンパク質の場合、細胞の中にある合成ラインを離れた直後から折りたたみは始まる。まず合成されたアミノ鎖はよじれて、電話機のコードのような長いらせん状になる。そしてこのよじれたらせんがさらに複雑な形に折りたたまれていく。同じ電荷を持つ原子は反発しあい、反対の電荷を持つ原子は近づきあう。水を嫌う「疎水性《そすいせい》」と呼ばれる性質を持つアミノ酸は、細胞液を避けてタンパク質分子の内側に集まる。残りの「親水性《しんすいせい》」のアミノ酸は、タンパク質分子の外側に移動してくる。

この三次元的綱引きにはあまりにたくさんの選択肢があるので、正しい形へたどり着く道筋を見つけるには、永遠の時間がかかるのではないかと思える。迷路の道順をすべて調べつくすのと同様に、タンパク質の可能な折りたたみ方をすべて調べていくと、選択肢は「指数関数的に増大」してしまうのだ。ところが何千というアミノ酸からなる鎖は、数学を無視して数分以内で自らを折りたたんでしまう。短いものなら一秒以内だ。アミノ鎖はなんらかの方法で、まちがった構造につながっていくような無数のよじれ方や曲がり方を回避できる。まちがった構造の中には、使い物にならないものや、生物を

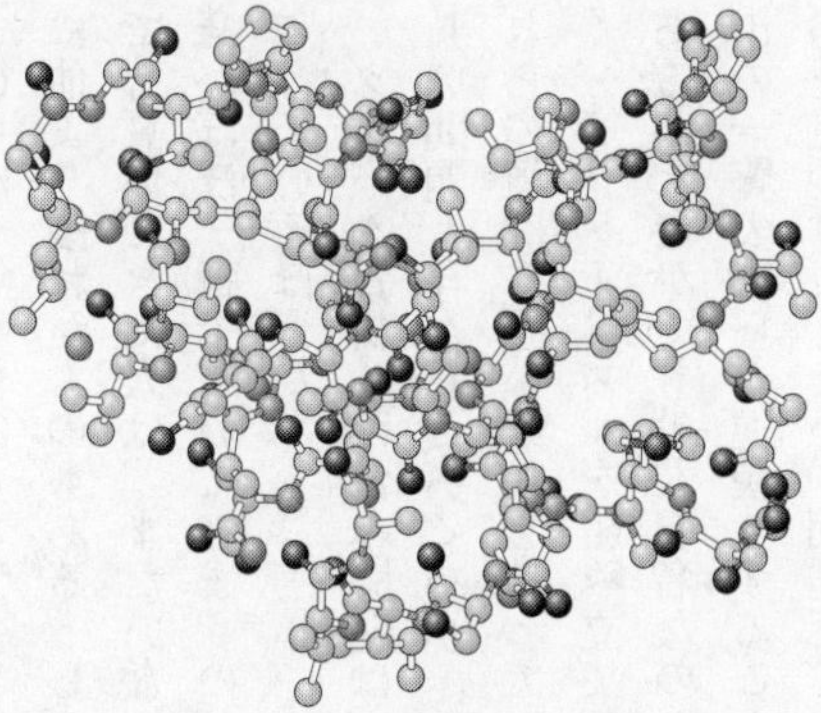

図 10-1　複雑なタンパク質分子。分子はどのようにして正しい折りたたみ方を「知る」のか？

死に至らしめるようなものさえあるはずだ。アルツハイマー病や狂牛病は、タンパク質を折りたたむときに道をまちがえたことが原因で起こると考えられている。

「コンピュータ生物学」と呼ばれる分野の専門家は、この分子の妙技を正確に理解するために、世界一強力なスーパーコンピュータを使って単純なタンパク質をシミュレートし、それがどう折りたたまれるかを予測しようとしている。彼らは、最終的な構造はなんらかの形でアミノ酸の配列に隠されているはずだと考えている。その情報を解読できれば、どんなアミノ鎖でもその折りたたみ方を予測できるかもしれない。そうすれば、ある生理機能を発揮するような形に正確に折りたたむタンパク質、つまり「精密薬剤」を設計できるはずだ。しかしこれまで多くの研究者が取り組んできたものの、それはいまだに机上の空論でしかない。はたして彼らは分子を出し抜けるのだろうか？

彼らは一年おきにコンテストを開いている。(2) 数あるシミュレーションの中には、確かに他より優れたものもある。しかし、タンパク質分子が簡単にやってのけることを少しでも真似できた人は、まだいない。コンピュータでは困難だと思える問題を、分子はなぜかほぼ一瞬で解いてしまうのだ。この事実の意味を巡っては、哲学的議論さえ巻き起こっているほどだ。(3)

タンパク質折りたたみ問題は、数学の世界では悪名高い問題の一つである。もっと難しい問題も存在し（いくつかについては後述する）、数学者やコンピュータ科学者はそれらの難問に強い興味を持っている。その手の問題としては他に、試行錯誤で迷路を解く、ジグソーパズルを組み立てる、箱の中に物を最も効率的に詰め込む、などの難問があるが、なかでも最も有名なのが、セールスマン巡回問題と呼ばれるものだ。所定の都市の一覧表から、逆戻りすることなしにすべての都市を一回ずつ訪問するための最短経路を見つけよ、という問題だ。

タンパク質の折りたたみと同様、選択肢の数はすぐに膨大になってしまう。たとえば計画書に一〇都市並んでいたとしよう。どの都市からスタートしても、二番目の都市と

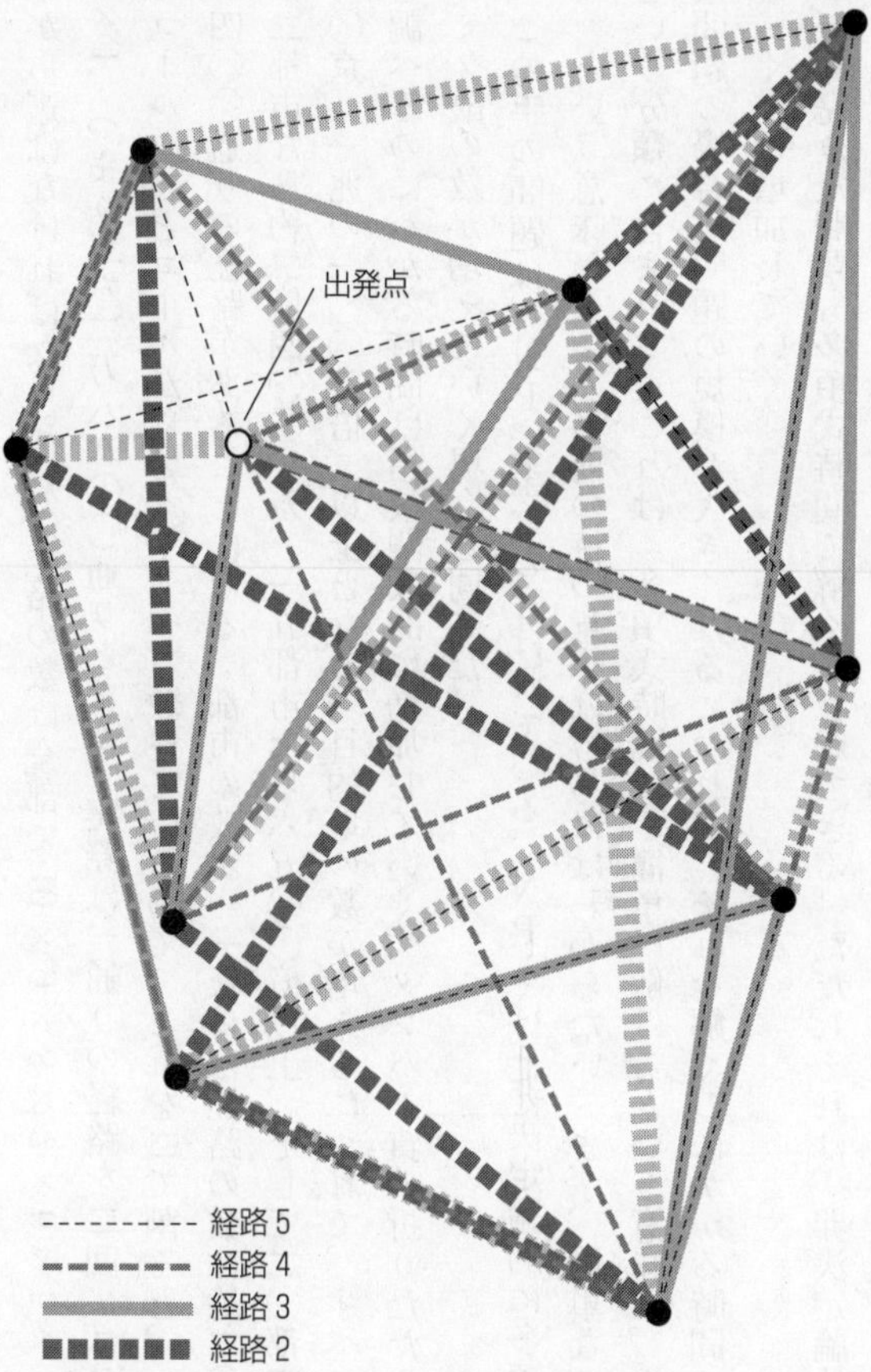

図 10-2　セールスマン巡回問題。10の地点を結ぶ1,814,400通りの経路のうちのいくつかを記してある。どれが最短経路なのか？

しては九つの選択肢がある。そしてそのそれぞれにおいて、三番目の都市は残る八つの中から選ばなければならない。経路の数は全部で10×9×8×7×6×5×4×3×2×1、つまり三六二万八八〇〇通りとなる。実際は一通りの経路を二回（スタートからゴールへ、とゴールからスタートへ）数えているので、これを二で割ると、一八一万四四〇〇通りの経路があることになる。都市の数が一一ならば経路の数は約二〇〇〇万、一二都市なら約二億四〇〇〇万、一五都市なら六五〇〇億以上、そして二〇都市なら一〇〇京（一兆の一〇〇万倍）以上となる。目的地の数が増えるにつれて、すべての経路を調べるのにかかる時間は指数関数的に増加していく。タンパク質の折りたたみ問題でアミノ酸の数が増えていく場合と同じだ。

この手の問題は「NP完全」と呼ばれている。NPとは「非決定論的に多項式時間で」という意味だ。この名前の持つ意味は容易にはわからない。まず、簡単な問題はPという分類に含まれる。これは「多項式時間で」簡単に解けるという意味だ。このような問題の場合、問題の規模が大きくなるにつれて、それを解くのにかかる時間は比較的ゆっくりと増加していく。(4)

NP完全な問題も多項式時間で解くことができる。ただしそれは、非決定論的コンピュータという仮想上の機械があったとしての話だ。この万能機械は、問題を解く各ステップで、どの道筋を選ぶかをランダムに決める。そしてこの装置は一〇〇パーセント幸運であって、毎回必ず正しい選択肢を選ぶ。もしこのような電子的神託装置が作れれば、(5)セールスマン巡回問題やそれに等価な問題はすべて簡単に解けてしまうだろう。

残念なことに現実のコンピュータはすべて決定論的なので、指数関数的時間をかけずにNP完全問題を解くための簡単な方法は、どうやら存在しないようだ。もちろん、幸運にも与えられた問題がとりわけ簡単だという場合もありうる。すべての都市が円周や直線の上に並んでいれば、最短経路を見つけるのは簡単だ。しかしあらゆるセールスマン巡回問題を解くための一般的方法は、今のところコンピュータには歯が立たない。もちろん、普通のコンピュータでもすぐに答えを出せるようなアルゴリズムが、観念の世界の中に未発見のまま隠れているという可能性もありうる。そんなアルゴリズムは存在しないということを、まだ誰も証明できてはいない。しかし何十年も事態は進展していないので、NP完全問題には永遠に手が届かないのではないかと、数学者は諦《あきら》めかけている。

あまり高望みをするものではない。こうした問題は確かに解くのは難しいものの、いったん解が得られれば、それが正しいかどうかは簡単に（多項式時間で）確かめられるのだ。ジグソーパズルを始めるときには、空の台紙とピースの山、そして膨大な選択肢が目の前にある。しかしいったん完成すれば、それが正しいかどうかは一目で判断できる。セールスマン巡回問題の場合、解が正しいかどうかを確かめるには、もとの問題文を少し書き換えて、「各都市を一回ずつ訪問する経路のうち、経路 x より短いものがあるか」という問題に答える必要がある。魔法の計算を行なう神託装置を使ったり、あるいは気の遠くなるような時間を費やしたりすることで、一旦その問題に答えられれば、その解が実際に最短かどうかを判断するのは簡単だ。

指数関数的増大の問題に直面したとき、量子コンピュータなら何か手助けをしてくれるのではないかと考えるのは、自然な発想である。ランダム性を持つ量子力学は、本来非決定論的だ。原子の鎖をうまくプログラムすれば、非決定論的コンピュータを作れるのではないか？　そしてこの手の問題を解けるのではないか？　できたとしたら、史上最大の数学的偉業になるはずだ。

数学者は、すべてのNP完全問題が互いに関連を持っていることを証明している。一つ解ければ、すべての問題を解いたことになるのだ。セールスマンの最短経路を見つける方法がわかれば、タンパク質がどう折りたたむかも予測できる。そうなれば、セールスマンだけでなく、誰にとっても世界は一変するだろう。さまざまな分野の何千という問題がNP完全であるとわかっている。数センチ四方のコンピュータチップや数キロに広がる通信ネットワークの中で、どうやって最も効率的に配線するかというのは、セールスマン問題の変形版だ。それと密接に関連した問題としては、飛行機の飛行計画をいかに効率的に組むかや、生産ライン上の一連の作業をいかに効率的に配置するかといった問題もある。多くの場合数学者は、理想的ではないが十分満足できるような近似解を有効に得る方法を開発している。しかしときには、可能なかぎり厳密解が必要になることもある。

ソフトウェアの設計について考えてみよう。ワードのようなプログラムや、あるいはマックOS XやウィンドウズXPといったオペレーティング・システム（OS）を開発するときには、どうしてもバグを検証するための時間を長く取らなければならない。何百万行というプログラム・コードの中には、必ず矛盾点がいくつかあるはずだ。iTunesで音楽を聴いているときにワープロの上でDeleteキーを押すと、ちょうどそれと同時にEudoraがメールチェックをしていたときにかぎって、システムが落ちるかもしれない。あるいは、ShiftキーとDeleteキーを押して、ウィンドウのタイトルバーの上でダブルクリックをすると、どうなるだろうか？　トリプルクリックではどうだろうか？　コマンドの組み合わせは指数関数的に増大する。

数学者はこれを「充足化問題《じゅうそくかもんだい》」と呼んでいる。昔からある一例として、パーティーに関する問題がある。AさんはCさんが出席してEさんが欠席するときだけ出席し、CさんはBさんとGさんがいるときだけ出席する。しかしGさんはAさんと同じ部屋にはいたがらない。全員を満足させるにはどうしたらいいのか？　一〇人に招待状を送れば、二の一〇乗、つまり一〇二四通りの組み合わせを考えなければならない。二〇人なら組み合わせの数は一〇〇万を超え、三〇人なら一〇億、四〇人なら一兆を超えることになる。

充足化問題はNP完全だ。ソフトウェアが無保証で売られているのはこのためである。パーティーで実際何が起こるかを知るには、みんなを待って観察する以外に方法はない。ソフトウェアの場合も、いわゆるベータ・テスター（製品となる直前のソフトを検査する人）たちに試してもらって、彼らが出くわした問題を修正するのがせいぜいだ。しかしバグの中には、ソフトウェアの購入者が発見するまでどうしても見つけられないものもある。あなたが買ったソフトは未完成なのだ。金融や国防システムを含め、われわれの文明が、試行錯誤によってしかチェックされていないソフトウェアに大きく依存しているというのは、非常に気がかりな話だ。

もしNP完全問題を明確に解く方法があれば、アップルやマイクロソフトは新たなプログラムを検証装置にかけるだけでいい(6)。この装置はアルゴリズムのハサミを使って膨大な可能性を切り分け、プログラムに自己矛盾がないかどうかを確認することになる。

同じことが、あらゆる数学的、論理的システムにも当てはまる。社会において基本ソフトウェアに相当するのが、個人の行動を制限する法体系だ。複雑に絡み合った法体系は、何百年以上にもわたって肥大化し続けてきた。矛盾や不一致は、プログラムのバグと同じで避けようがない。裁判や国会審議といった絶え間ないベータ・テストによって多くの条項は削除されてきたが、その分新しい条項が次々と導入されている。

社会がまったく矛盾のない法体系をどうしても欲しがったとしよう。まず初めに、すべての法律に含まれるすべての条項を単純な論理文に翻訳するという、一大プロジェクトを立ち上げなければならない。しかしそれではまだ第一段階だ。次に、それぞれの論理文が他のすべての文と矛盾していないかを、一つ一つ調べていかなければならない。文5は文1から文4までと矛盾してはならず、さらに文1から文4までの組み合わせ、つまり文1＋文2、文1＋文3、文1＋文4……、文2＋文3、文2＋文4、文3＋文4とも矛盾してはならない。さらには、文1と文2と文3との組み合わせ、文1と文3と文4との組み合わせ……とも矛盾してはならない。論理文が増えるたびに、困難さは指数関数的に増大していく。NP完全問題を解くアルゴリズムがないかぎり、山奥の小さな村の条例のごく一部分に矛盾がないことを証明するのでさえ、まるで悪夢のような話なのだ。

誰も実際にそんなことをしようとは思わない。論理的に矛盾のない法体系だけでは、正義は守れないからだ。しかし、もしこのコンピュータの限界を破ることができたら、数学はどう様変わりするのだろうか？　NP完全問題が多項式時間で解けることを示すには、代わりにNP＝Pであることを証明すればいい。この式は、$E = mc^2$に匹敵するほど強力だ。たとえばフェルマーの最終定理（一九九五年に一〇八ページに及ぶ数式の山を使って証明された）[7]が正しいかどうかを確かめるのは、山のようなジグソーパズルのピースが与えられ、そこから正しい絵を作る方法があるかどうかを調べるのに等しい。数学者は三五〇年間も可能な手を探しつづけてきた。ピースを次から次へとさまざまな形に組み合わせ、何度も何度も袋小路に迷いこんだ。多くの人が証明など不可能だと考えるようになった。しかしひとたび証明にたどり着くと、その正しさはたった数カ月で確かめられた。これこそがNP完全問題の証だ。答えを見つけるのはほぼ不可能だが、その答えが正しいことを確かめるのは簡単なのだ。

もし大方の予想に反してNP＝Pだということがわかれば、数学の復権は目前だ。ある定理を証明するのは（証明が存在するとして）、それをチェックするのと同じくらい簡単なことになる。そして新たな驚異のアルゴリズムを手にしたコンピュータは、何世紀もの間未解決だった問題を、次から次へとなぎたおしていくだろう。

音から曲を、色から絵を、あるいは単語から詩を組み立てるといった多くの知的活動には、指数関数的に膨らむ選択肢の山を切り開いていくという行為が伴う。作品が本物かどうか、つまりその作品が作者の作風を示すいくつもの特徴を満たしているかどうかを判断するのは、専門家ならば比較的簡単だ。作家はそれぞれ特定の単語や言い回し、あるいは筋書きや題材を好む。画家はそれぞれ特定の色や対象や技法を好む。そして作曲家はそれぞれ特徴的なリズムやフレーズやキーを好む。特に音楽については、こうした法則を公式化し、その作品がバッハのものかどうかをある確率で判断できるプログラムを作るのは、あるいは可能かもしれない。もしかしたら、シェークスピアやヴァン・ゴッホの作品でさえ、うまくいくかもしれない。そしてもしNP＝Pならば、創作は鑑定と同じくらい簡単になるだろう。(8) 機械を逆回しして、ある作者のものにそっくりな新たな作品を作るのも可能になるはずだ。

量子コンピュータがNP完全という壁に風穴を開けられるかどうかは、科学の世界における最大の未解決問題の一つだ。(9) ピーター・ショアによる因数分解アルゴリズムの発見は、初めのうちは希望を与えてくれるかに思われた。因数分解に関して数学者が直面しているのも、選択肢の数が増えるごとに計算時間が指数関数的に増加していくという事態だ。ショアは、もし量子コンピュータが存在すればこの事態を抑え込むことができて、多項式時間で解を得られるということを証明したのだ。

確かに因数分解は難しい問題だが、NP完全問題の仲間には入らないと考えられている。しかし、まだ誰もそれを証明できていない。もしかしたら、一三歳のコンピュータマニアやその父親が、因数分解もNP完全問題の仲間だということを証明してしまうかもしれない。するとどうなるだろう。もし大規模な量子コンピュータが作られれば、セールスマン巡回問題やタンパク質の折りたたみ問題、あるいはソフトウェアの検証といったあらゆるNP完全問題が、因数分解と同様に解決されてしまうことになる。

もちろんまったく違う事態が起こる可能性もある。誰かが、古典的コンピュータを使って大きな数を素早く効率的に因数分解する方法を、発見してしまうかもしれない。するとショアのアルゴリズムは、単なる風変わりな興味の対象でしかなくなってしまう。それでも、量子的重ね合わせを使って同時並行で計算を行なうという方法自体は、見事な科学マジックであって、それが素粒子物理学をシミュレートするための重要な道具であることに変わりはないだろう。しかし因数分解に関しては、この技術よりもペンティアムチップをいくつもつなぎ合わせる方が、原理的にずっと強力になるかもしれない。

ほとんどの理論家は、そんなことはないと信じている。しかし量子コンピュータとNP完全問題との関係については、あまりよくわかっていない。直感的に考えて、セールスマン巡回問題を解くというのは、可能な経路をすべて1と0の列で表現することにすぎないのだとも思える。都市が一五あれば、六五〇〇億通りの経路が存在する。これはおよそ二の三九乗に等しいので、三九個の原子があればすべての経路を同時に表現できるのかもしれない。

もちろんそんな簡単にはいかない。ウメシュ・ヴァジラニ、イーサン・ベルンシュタイン、そしてベネットとブラッサールは一九九七年に発表した論文の中で、量子コンピュータの計算速度はNP完全問題を攻略できるほどには増加しないはずだ、と主張した。しかしこの論文には、いまだ真偽が明らかでないある仮定が使われている。ショアは量子的因数分解に、正攻法でたどり着いたわけではない。巧妙な方法を使って、因数分解をまったく毛色の違う波動解析の問題へと変換したのだ。因数分解の問題と数の波を収縮させる問題が数学的に同等であるなどと、はたして容易に想像できるだろうか？　そこで研究者の中には、NP完全問題の中にも隠れた構造が存在していて、量子力学を使えばそこから解を得られるかもしれないと、楽観的に考えている者もいる。しかし本当にそうなのか、誰にもわからない。まだまったく調べられていない分野なのだ。

だとしたら、タンパク質はどうやって解を求めているのだろうか？[10] 前にも触れたように、一般的には困難な問題でも、ある特別な場合には簡単に解けることがある。セールスマンの訪問する都市が一直線に並んでいることもありうるのだ。もしかしたら何百万年もの進化によって、膨大な数のアミノ鎖の中から、簡単に折りたためるものだけが選り分けられてきたのかもしれない。

これは科学的にかなり保守的な説明だ。その対極に位置する説明として、タンパク質は折りたたむたびに実際にNP完全問題を解いている、という考え方もある。この考え方は、次の二つの可能性のどちらかが正しいということを意味している。一つめは、大方の予想に反してこの問題はそんなに難しくはないという可能性。だとすれば、タンパク質の使っているアルゴリズムがひとたびわかれば、普通のコンピュータを使っても同じことができるはずだ。そしてもう一つの可能性は、タンパク質は人類のまだ知らない奇妙なコンピュータを使っているというものだ。

タンパク質が自分の持っている原子を使って量子コンピュータを作っているというのは、ちょっと想像しがたい話だ。しかし優秀な科学者の中には、この奇妙なアイデアについて検討してきた者もいる。イギリスの物理学者ロジャー・ペンローズは、人間の脳自体が量子コンピュータだと信じている。そしてそこから、人間の意識の謎を解けると考えている。なぜたった千数百グラムの脳味噌が生命と意識という神聖なる感覚を生み出すのか、それを明らかにできるはずだというのだ。はたして本当にそうなのだろうか？　もしかしたら、オリバー・サックスの本に登場する驚異の数学的才能を持つ双子は、無意識に量子コンピュータを使って素数を諳《そら》んじていたのかもしれない。

　われわれが理解できていないことはあまりにも多い。到底目には見えないたった一〇〇〇個の原子でも、一〇〇〇ビットの長さの数をすべて表現できる。これを一〇進数に変換してみよう。二の一〇〇〇乗は、ほぼ一〇の三〇一乗に等しい。したがって量子的重ね合わせを使えば、0から9,999 までの数をすべて同時に表現できることになる。なんらかのアルゴリズムを走らせれば、一〇の三〇一乗通りの計算をすべて同時に処理できるのだ。しかし考えて

ほしい。この数は宇宙に存在する素粒子の総数よりはるかに大きい。するとこの計算は、いったいどこで行なわれているのだろうか？　この分野の草分けである理論科学者のデヴィッド・ドイチュは、その答えは単純だと信じている。並行して行なわれる計算はそれぞれ、別々の宇宙で実行されているというのだ。だとすれば、数百キュビットの小さな量子コンピュータが実現しただけでも、量子力学の「多世界解釈《たせかいかいしゃく》」の正しさが証明されたことになる。二重スリットの実験を行なうと、光子は一方の宇宙では左側のスリットを通り、もう一方の宇宙では右側を通る。一〇〇万という数を因数分解するためにショアのアルゴリズムを走らせると、それぞれの割り算は別々の宇宙で処理されるのだ。[11]

この考え方に納得する人はほとんどいない。[12]多世界解釈は、量子力学について考えるうえでよく使われる手法だ。そしてそれは、誰も真には理解できない現象をなんとか受け入れるための、単なる方便にすぎない。しかしひとたび、この仮想的世界が現実のものかどうかという疑問を持ちはじめると、物理学と哲学が衝突する謎めいた領域に足を踏み入れてしまうことになる。

現実とその解釈とを区別するには、どこに境界線を引いたらいいのだろうか？　それは宇宙一の難問かもしれない。「タンパク質の分子がアルゴリズムを実行して問題を解いている」という文章には、何か意味があるのだろうか？　それとも、単に起こっていることを説明するための、便法にすぎないのだろうか？　はたして惑星は、太陽の周りを回りながらニュートンとケプラーの公式を計算しているのだろうか？　あるいはわれわれの数学は、物理世界の振る舞いを近似的に簡潔に表現しているだけなのだろうか？

精密に作られた真鍮の歯車や、細かく目盛りが刻まれた計算尺を使って計算が行なわれていた時代には、この難問に答えるのは簡単だと思われていた。人々は膨大な原子からなるマクロな物体を設計し、それを使って苦労しながらなんとか計算を行なった。自然界の物は何も使っていなかった。同様に電子式コンピュータの場合も、綿密に引かれた配線の中を電子が流れていく。計算とはきわめて人工的な行ないであり、自然界を上から見下ろすような行為なのだ。

しかし量子コンピュータは、そこに根本的な変革をもたらす。スピンを持つ、複数の状態を重ね合わせる、絡み合う、これらはすべて原子が本来行なっていることだ。量子コンピュータを動かすというのは、トラックに飛び乗って目的地まで連れて行ってもらうようなものなのだ。

それならばこのような計算は、今もどこかで行なわれているのかもしれない。二つの粒子が飛び回り、互いのスピンを反転させ、情報を交換するとき、なんらかの宇宙規模の計算が行なわれているのかもしれない。もしかしたら、宇宙自体が量子コンピュータなのかもしれない。しかしこの話題については、また別の本で取り上げることにしよう。

結び　九〇億の神の御名

ニューメキシコ州にあるヘメス山脈の雪が融けはじめ、労働者たちは世界最速の古典的コンピュータQを収容する建物の仕上げに取り掛かった。広さ四〇〇〇平方メートルの床は、何列ものキャビネットや長さ何キロもの電線で埋まりはじめた。そして冷却塔が、コンピュータの発した熱を、冷たく澄んだ空に吐き出しはじめた。

近くに建つ茶色の漆喰塗りの小さな建物では、物理学者が量子コンピュータの限界を七原子から一〇原子へと少しだけ引き上げようと努力していた。世界中の科学者が、指数関数的進歩をもたらす技術革新を待ち望んでいた。新たなムーアの法則は、今の世代で量子コンピュータが実現すると予測していた。それが実際に何を成しとげるのか、熱いまなざしが注がれていた。大きな数の因数分解、高速なデータ検索、そして（望みは薄いが）NP完全の壁を打ち崩す場面は、はたしてやってくるのだろうか？もしかしたら、実験台での実験を大規模化するのは不可能だということが明らかになるのかもしれない。今は亡きIBMの物理学者ロルフ・ランダウアーは、生まれたての技術に対して過剰な夢を託す風潮を疑問視するEメールを、同僚やサイエンスライターたちにたびたび送っていた。かつて彼は私にこう言ったことがあった。「科学記者たちが推論にすぎない最新の説を褒《ほ》めちぎるたびに、連中には、『過去の流行が結局どういう道をたどったか』という記事を書くよう迫ってきたんだ」(1)。ランダウアーがよく引き合いに出したのが、光のパルスを使って情報を高速で処理する光コンピュータだ。核融合、高温超伝導、人工知能など、論文の上では成功まちがいないとされたアイデアは数多くある。しかし実用化に関しては、今のところどれも期待はずれだ。

多くの研究者が量子コンピュータに心動かされるのは、素粒子の世界の出来事を直感的に感じとれるからだ。何個かのキュビットを操作しようとすれば、重ね合わせや絡み合いといった概念が現実味を帯びてくる。高校では古典ニュートン物理学を検証するために、振り子を揺らしたりビリヤードの球を衝突させたりする。それと同様に、ロスアラモスで行なわれているような実験は、量子力学を検証するための方法を提供してくれる。パリにいる二人の物理学者は、次のように書いている。「こうした実験は、大規模な量子コンピュータの作り方を教えてくれるのではなく、最終的にこの試みがどのような形で失敗に終わるかを教えてくれるのかもしれない」[2]。しかし実はこの言葉は、彼らの前向きな姿勢を表している。こうした実験によって、素粒子物理学の理解が進むだけでなく、自然界において計算の果たす基本的役割をより深く認識できるようになるというのだ。単に機械を売るより、ずっと価値のあることかもしれない。

もしこの分野が成功して、NP完全問題が量子力学に屈したとしたら、次にはさらに奇妙な別の計算理論を探すという挑戦が待ち構えているはずだ。チェスやチェッカーや囲碁《いご》は、どうやらNP完全問題よりさらに難しいらしい。もしそうならば、勝てる戦略を見つけるためにすべての可能な手を調べるのは、指数関数時間より速いどんな装置でも不可能なのかもしれない。無限に広い盤面を使ってこの手のゲームを行なう場合（数学者が好んで使う一般化だ）、それを解析するのは指数関数的に難しいことが証明されている（白と黒が互いに追いかけながら限りなく広がっていく様子は、なかなか愉快なものだ）。しかし、限られた盤面で行なう実際のゲームの解析が同様に困難かどうかは、今も未解決のままだ。

NP完全より難しい問題の一例[3]として、どんなに長いものも含め、すべての数学的定理を証明せよ、という問題がある。定理が述語論理「すべてのCはBで、どのBもAではない。ゆえにどのCもAではない」という強力な数学的言語で記述されている場合、それを証明するためのアルゴリズムは存在せず、この問題を解くのは不可能だということが明らかになっている。記述にいくつかの制限を課してコンピュータで扱えるようにすれば、証明のためのアルゴリズムがあるいは存在するかもしれない。しかし、計算の規模は悪夢のような速度で増大していくだろう。証明すべき定理が長く複雑になって、変数の数が増えていくと、計算時間は指数関数的ではなく超指数関数的に増大していくのだ。つまり計算の困難さが、二の二のn乗といった、ウエディングケーキのように積み重なった数式で表される速度で増加していくということだ。ここでnは問題の長さを表す値だ。nを1から9まで一ずつ増やしていくと、計算時間は、四（二の二の一乗）、一六（二の二の二乗）、二五六（二の二の三乗）……、六万五五三六、四二億九四九六万七二九六、一・八掛ける一〇の一九乗、三・四掛ける一〇の三八乗、一・二掛ける一〇の七七乗、一・三掛ける一〇の一五四乗と増えていく。一〇まで行かないうちに、宇宙サイズのコンピュータを宇宙終焉の瞬間まで動かしつづけても、解けないような問題になってしまうのだ。

さらに、無限の時間を必要とする問題も存在する。それを解くのはまさに不可能に限りなく近い、と数学者は考えている。あらゆるデジタルコンピュータと数学的に同等な、紙テープで動く装置、チューリング・マシンを思い出してほしい。解くことが可能な問題を与えられれば、マシンはいつかは解をはじき出す。もし解が存在しなければ、マシンは永遠にカタカタと動きつづける。[4] 問題はいつあきらめればいいかだ。何百時間も動かしたあげく、電源を抜こうとしたちょうどそのとき、マシンはまさに答えを出す直前なのかもしれない。

そこで、あらゆるチューリング・マシンと紙テープが最終的に停止するかどうかを調べるアルゴリズムを、作れないだろうか？　そうすれば少なくとも、解くのが不可能な問題は最初から排除できる。しかし残念なことに、それは不可能だということをチューリング自身が証明した。停止問題を解くためのプログラムは、それ自体が停止しないのだ。量子コンピュータを使って指数関数的に速度を上げても、なんにもならない。どんなに速くしようとも、無限は無限のままだ。

これにも解決法があるかもしれない。もしかしたら、現在物理学者が物質の最小単位だと考えている超ひもを使った、想像もつかないようなコンピュータが解決してくれるかもしれない。しかしこれはほとんどＳＦの世界の話だ。

ロスアラモスからバジェ・グランデというカルデラを越えて車を六〇キロ走らせると、

カトリックの修道院と禅宗の僧院のあるヘメス・スプリングスという町に着く。風景が一変し、敬虔《けいけん》な雰囲気に包まれると、一九五〇年代にアーサー・C・クラークが書いたあるSFが思い出される。

この物語は、チベットの高僧がマークⅤという最新コンピュータを購入しに、ニューヨークへやってきた場面から始まる。戸惑うメーカーの社長に、高僧はこう説明した。ヒマラヤの修道院の僧たちは、現世における人類の使命はすべての神の名を列挙することだと信じている。そのため書記たちは三世紀にもわたって、彼らが考案した特別なアルファベットのあらゆる組み合わせを書き連ねている(彼らはある理由から、すべての神の名は九文字以内で書けると信じている)。

この作業にはほぼ一万五〇〇〇年かかるだろうと彼らは考えていた。デジタルコンピュータの存在を知るまでは。マークⅤを使えば、すべての組み合わせをたった数カ月で列挙できるのだ。猿がタイプライターを叩くように、ほとんどの組み合わせは意味を持たないだろう。しかし一覧表のどこかには、必ずすべての神の名が記されているはずだ。

メーカーは装置と二人の技術者を派遣することに合意した(高僧はアジアの銀行に大金を預けていた)。

三カ月後、場面はチベット高原に移る。あきれた西洋人からシャングリラ計画と名付けられたこの大事業も、終わりに近づいていた。ディーゼル発電機から電力を供給され（僧院のマニ車を回転させるのにも使われた）、マークVは文字の書かれた紙を次から次へと吐き出していった。僧たちはそれを大きな台帳にせっせと貼っていった。

物語は、チャックという名の技術者がある厄介な事実を知ることで、クライマックスに突入する。僧たちは、最後の名が書かれると世界は終わりを迎えると信じていた。人類存在の目的がそこで達成されるからだ。彼と相棒のジョージは、最初はバカにしていたものの、徐々に心配になってきた。プリンターから最後の紙が打ち出されても、なんの異変も起きなかったら、僧たちはどうするだろうか？　暴れだしてコンピュータの番人に詰め寄ってはこないだろうか？　二人は、最後までここに留まるのはやめようと決めた。

最後の場面、二人は馬に乗って曲がりくねった道を下り、谷底に止めてある、アメリカに戻るための飛行機を目指した。ジョージは言った。「コンピュータは処理を終えただろうか？　ちょうど今ごろ終わっているはずだ」

チャックが返事しなかったので、ジョージは鞍《くら》の上で振り返った。そしてチャックの顔を見た。真っ白な卵形の顔は空を向いていた。

「見ろ」とチャックが小声で言った。ジョージは視線を空に向けた(すべてのものには必ず終わりがある)。頭上では、星が一つまた一つと静かに消えていっていた。(5)

ここで物語は終わる。

一九五〇年代のデジタルコンピュータを手にした僧たちは、突然想像もつかない能力を手にした。われわれの文明も、実現不可能な夢を抱いている。今クラークが物語を書き直したら、僧の代わりに困難な問題に取りつかれたコンピュータ科学者を登場させることだろう。そしてマークVの代役は量子コンピュータのはずだ。科学にとってこの物語がどういう意味を持つのか、それは徐々に明らかになってくるだろう。現在のところこの疑問は、クラークお得意の空想世界の中でしか答えられない。どんなに優秀な科学者でも、この物語がどう展開していくかはわからない。心躍らせる何かを見つけるのは、必ずしもコンピュータおたくとは限らないのだ。

細目——注と出典

この手の本を書くのは、まるでまったく異なる二種類の人たちにしつこく付きまとわれるようなものだ。科学者はキーボードをひったくって、一つ一つの文を脚注や数式で飾り立てようとする。一方読者は、本題に戻って話を先に進めろとせき立てる。この注によって両者が納得し、どちらの期待にもこたえられることを願っている。

またこの場を使って、この分野に関する参考文献や重要な論文を紹介した。さらなる文献の一覧は、注の最後に記したさらに専門的な本に掲載されている。

はしがき　ブラックボックスの中身

（1）このアラン・ライトマンの文章は、*The Best American Essays 2000*, Houghton Mifflin に収

録された優れたエッセイに登場する。

序章　なぜ量子コンピュータは注目されているのか

(1)　実際にQが動き出しても、二〇〇二年に横浜の地球シミュレータセンターで稼働しはじめた三五・八六テラフロップスのコンピュータには、わずかに及ばない。カリフォルニア州にあるローレンス・リヴァモア研究所（ロスアラモスの姉妹研究所）も負けじと、何年か後に一〇〇テラフロップスのコンピュータを持つ新たなスーパーコンピュータ・センターを完成させることになっている。

(2)　一般向けの物理の本をよく読んでいる人はおそらく、量子力学を説明するには「不思議な」とか「ドッペルゲンガーのような」といった修飾語が欠かせないことに気づいているはずだ。物理学者の中には、こうした単語が風船を引っ掻いたときの音のように感じる人もいる。彼らはその代わりに、状態ベクトルや固有値などを使って説明したがる。確かに同じ修飾語句を使いつづけるのは少し気が引ける。しかしそうすることで、誰も本当には理解できていない哲学的意味に思いを巡らす余裕を残しておける。

(3)　より正確に言うと、計算には「原子核」が使われた（軌道電子は無関係だ）。しかしこの段階ではまだ、「量子そろばんの珠」として使ったのは原子だ、と言いきってしまっても問題はない。詳しくは後の章で説明する。

(4) このおおざっぱな言い方には、実は重要な内容が隠されている。Qの場合、二〇〇〇平方メートルの敷地に約一万二〇〇〇個のプロセッサが置かれる。したがって一平方キロなら六〇〇万個のプロセッサを置くことができ、おおざっぱに言ってそれと同数の計算を同時に処理できる。一八〇〇京通りの計算を行なうには、一八掛ける一〇の一八乗割る六掛ける一〇の六乗、つまり約三兆平方キロの敷地が必要となる。これは地球の表面積の約五〇〇〇倍だ。実は一個のプロセッサは、一サイクルで複数の計算を処理できる(本当は逐次計算だが)。したがってこの装置は、地球一〇〇〇個分しか必要としない。さらに、しばらくすればプロセッサの速度は今の一〇倍になるだろう。すると必要なのは地球一〇〇個分だけとなる。これが走り書きで計算した内容だ。この計算で言いたいのは、とにかく膨大な敷地が必要だということだけだ。

(5) 本文執筆の時点では、四〇〇桁の数を因数分解するには何十億年もかかるだろうと一般には考えられている。しかしそんなに正確な値を言うのは危険だ。一九七〇年代末にある優秀な数学者は、反論されるのを覚悟で、一二五桁の数を因数分解するには四京年かかると言った。ところが一九九四年、ある人物が一二九桁の数を因数分解して見せた(Bruce Schneier, *Applied Cryptography*, Wiley, 1996, p.129.『暗号技術大全』、山形浩生訳、ソフトバンクパブリッシング、二〇〇三年)。コンピュータの能力の向上や、計算の近道を見つけるコンピュータ科学者の才能は、どうしても過小評価されがちだ。しかし、一桁増えるごとに因数分解にかかる時間が指数関数的に増大するという事実は変わらない(正確に言えば、計算時間は「超指数関数的」に増大する。さらに厄介だ。後で詳しく触れる)。この困った事態を回避する方法を見つければ、まさにノーベル数学賞ものだ(そんなものがあったとして)。

第1章 そもそもコンピュータとは何か

(1) 本書では広告文のまちがいを訂正してある。もともとは「暗号の作成と暗号化」と書かれていたが、もちろんこの二つの単語は同じ意味だ。本書執筆の時点では、ジェニアックの広告は http://psych.butler.edu/bwoodruf/pers/geniac/geniacadvertisement.htm で、説明書などの文書は http://www.computercollector.com/archive/geniac/ で見ることができる。

(2) 選択肢(b)の意味は、タップというのがねじ穴を空ける道具のことだと知っていなければわからないだろう。

(3) アラン・チューリングが一九三七年の有名な論文"On Computable Numbers, with an Application to the *Entscheidungsproblem*"で述べたように、コンピュータは普遍的な機械だ。

第2章 コンピュータの仕組み

（1）このように喩える側と喩えられる側を逆転させたのは、トマス・ピンチョンが小説 *The Crying of Lot 49*, Lippincott, 1966（『競売ナンバー49の叫び』、志村正雄訳、筑摩書房、一九九二年）の中で行なったのが最初だろう。

（2）詳細については、コンピュータ科学の優れた入門書である Daniel Hillis, *The Pattern on the Stone*, Basic Books, 1998（『思考する機械 コンピュータ』、倉骨彰訳、草思社、二〇〇〇年）や A. K. Dewdney, "Computer Recreations," *Scientific American*, 一九八九年一〇月号コラム (reprinted in *The Tinkertoy Computer and Other Machinations*, Freeman, 1993) を参照のこと。絶版だが、ジェレミー・バーンシュタインの一九六四年の長編エッセイ *The Analytical Engine*, Morrow, reprinted 1981 も、コンピュータの歴史を短くまとめた良書だ。

第3章　量子の奇妙な振る舞い――「重ね合わせ」と「絡み合い」

（1）ムーアの法則は厳密なものではないので、より正確には「ムーアの観察とムーアの予測」とでも呼ぶべきだ。この法則は、インテル社の共同創業者ゴードン・E・ムーアが、フェアチャイルド・セミコンダクター社の研究開発部長だった一九六五年に言及したものだ。彼は、ICチップに収容できるトランジスターなどの部品の数が、少なくともこれから一〇年間は年に二倍ずつ増えていくと語った。直接確かめたいなら、ムーアの論文 "Cramming More

Components onto Integrated Circuits," *Electronics* 38, no. 8, April 19, 1965を参照のこと。今でもこの法則が通用しているのは、文言が「集積密度が一八カ月ごとに二倍になる」と都合よく修正されたからだ。増加が指数関数的であるかぎり、この法則は成り立ちつづける。考えてほしい。一枚の紙を一〇〇回折ったら、何光年もの厚さになってしまうのだ。

(2) Φという文字が1と0を重ね合わせた形に似ているため、本書ではこの記号によって二つの状態の重ね合わせを表現することにした。後に述べるように重ね合わせは、たとえば1が七五パーセントで0が二五パーセント、あるいは七六パーセントと二四パーセント、七七パーセントと二三パーセントなどにもできる。つまりどんな割合で重ね合わせることもできる。しかしこういった詳細は、本文中では無視した。それは、量子的物体は同時に二つの相異なる状態を取れる、という重要なポイントを強調するためだ。量子力学の公式にもΦは登場するが、私はこの記号を別の意味で使っている。

(3) ファインマンのアイデアは"Simulating Physics with Computers," *International Journal of Theoretical Physics* 21, no. 6/7, 1982, pp. 467-88や"Quantum Mechanical Computers," *Foundations of Physics* 16, 1986, pp. 507-31、ベニオフのアイデアは"Quantum Mechanical Hamiltonian Models of Turing Machines," *Journal of Statistical Physics* 29, 1982, pp. 515-46に記されている。そのわずか数年後、デヴィッド・ドイチュも先駆的論文"Quantum Theory, the Church-Turing Principle, and the Universal Quantum Computer," *Proceedings of the Royal Society of London*, A400, 1985, pp.96-117を発表した。

(4) この現象は「紫外発散」という名で知られている。

(5) プランクは光が塊として吸収されることを示し、アインシュタインは光が塊として放射されることを示した。

(6) より正確に言うとアインシュタインは、予想に反して粒子の速度は、光の強度でなくその振動数に依存することを示した。

(7) これはかすかな単色光に相当する。この記述はファインマンの *QED: The Strange Theory of Light and Matter*, Princeton University Press, 1985 (『光と物質のふしぎな理論——私の量子電磁力学』、釜江常好、大貫昌子訳、岩波現代文庫、二〇〇七年) による。この本は量子力学の入門書として私のお気に入りだ。優れた一般向けの本としては他に、デヴィッド・リンドリーの *Where Does the Weirdness Go?: Why Quantum Mechanics Is Strange, but Not as Strange as You Think*, Basic Books, 1996 (『量子力学の奇妙なところが思ったほど奇妙でないわけ』、松浦俊輔訳、青土社、一九九七年) とニック・ハーバートの *Quantum Reality: Beyond the New Physics*, Anchor/Doubleday, 1985 (『量子と実在——不確定性原理からベルの定理へ』、はやし・はじめ訳、白揚社、一九九〇年) がある。ブライアン・シルヴァーは *The Ascent of Science*, Oxford University Press, 1998 の第二八章から第三〇章で、この分野の概略を計四三ページに明快かつ簡潔にまとめている。サム・トライマンの *The Odd Quantum*, Princeton University Press, 1999 は、これらの本の次に読むべき入門書として評判が高い。少し敷居は高いが。

(8) この例はファインマンが *QED* の中でとりあげたものだ。その中で彼は、光を古典的な波として考えてもこの現象は説明できると指摘している。

(9) それぞれの波束は「振幅」という値を持つ。これは確率の平方根となる。このことは後ほど重要になるが、ここでは単に一つの波束が一つの可能性を表すと考えておけばいい。

(10) この実験はさまざまな科学書の中であまりにも使い古されてきた。しかしもっといい例を思いつかないので、仕方なくこれを使った。

(11) パリのアラン・アスペが、一九八二年に初めて実験でEPR効果を実証した。アインシュタインと同様多くの人が、量子論に「隠れた変数」(粒子の謎めいたつながりを説明する未知の因子)を付け加えることでこの現象を説明しようとしてきた。しかし結局、どんな理論も「超光速」の信号を必要とするしかなかった。こちらを立てればあちらが立たずだ。どのように考えようとも、量子力学は非常に奇妙なのだ。

(12) ファインマンが考えたのは、量子版のアナログコンピュータだと言える。

第4章 コンピュータの限界「因数分解」と量子コンピュータ

(1) 有名な伝記 *Alan Turing: The Enigma*, Walker, 2000 reissue の著者アンドリュー・ホッジスは、チューリング・マシンに関するすばらしいウェブサイトを立ち上げている(http://www.turing.org.uk/turing)。このサイトには、仮想的チューリング・マシンで遊べるサイトへのリンクも張られている。

(2) これは基本的に、「計算可能だと見なされるすべての計算はチューリング・マシンで処理できる」というチャーチ゠チューリング仮説(アロンゾ・チャーチとアラン・チューリングにちなむ)に等しい。

(3) "The Twins," in Oliver Sacks, *The Man Who Mistook His Wife for a Hat*, Touchstone, 1998 reissue, pp. 195-213(『妻を帽子とまちがえた男』、高見幸郎、金沢泰子訳、ハヤカワ文庫、二〇〇九年)。

(4) もちろん、途中で加速してもいいならBMWが勝つ。その場合、線形関係は成り立たなくなる。

(5) 多項式関数という言葉は、各項が非負数の累乗(x^2、z^4など)になっている式全般を意味する。数学者はこうした問題を「扱いやすい」と呼ぶ。そして、それよりもっと速い速度で増大する(つまり計算がより複雑な)関数をまとめて、「超多項式関数」と呼ぶ。指数関数もここに含まれるが、それ以外の関数も含まれている。用語の使い方には混乱があって、「超多項式関数」という言葉が多項式関数と指数関数の中間の関数を意味することもある。また「指数関数」という言葉が、多項式関数より速く増加するすべての関数、つまりあらゆる困難な関数を指すことも多い。

(6) 一〇進数で一五五桁の数は二進数では五一二桁、一〇進数で六一七桁の数は二進数では二〇四八桁になる。詳しくはRSA因数分解競争のウェブサイトを参照のこと(http://www.rsa

security.com/rsalabs/challenges/factoring/faq.html)。

（7）量子的チューリング・マシンというアイデアは、一九八五年にデヴィッド・ドイチュが“Quantum Theory, the Church-Turing Principle, and the Universal Quantum Computer”（第3章の注を参照）に著した。この論文によって量子コンピュータ科学という分野が本格的に始まったとされる。

（8）別の見方をすれば、従来のチューリング・マシンも量子コンピュータをシミュレートできるが、それには指数関数時間が必要となる。しかし違いはそれだけだ。あるコンピュータ科学の専門家は私に、計算の「複雑さ」（計算時間がどの程度の速度で増加するか）と「計算可能性」（そもそも問題が解けるかどうか）をはっきり区別すべきだと忠告してくれた（チューリング・マシンは、答えにたどりつかないまま永遠にカタカタと回りつづけることもある）。確かに計算の複雑さに関して言えば、量子コンピュータは古典的コンピュータに勝っている。しかし知られているかぎり、チューリング・マシンでどんなに時間をかけても解けない問題は、量子コンピュータを使っても解くことはできない。

第5章　難題を解決するショアのアルゴリズム

（1）スティーヴン・ウルフラムは記念碑的著作 *A New Kind of Science*, Wolfram Media, 2002 の

中で、単純な二次元・二状態セル・オートマトン（本書で扱った、白か黒になる枠が一列に並んだもの）が万能チューリング・マシンとして機能することを証明している。この事実は、宇宙自体がコンピュータであるという、最近流行りの考え方をますます後押しした。これについては拙著 *Fire in the Mind*, Alfred A. Knopf, 1995（『聖なる対称性――不確定性から自己組織化する系へ』、長尾力、坂口勝彦、佐々木光俊、月川和雄訳、白揚社、二〇〇〇年）の中でさらに詳しく書いている。

（2）この図のようなセル・オートマトンは、アンドレアス・エーレンクロナスの立ち上げたウェブサイト（http://cgi.student.nada.kth.se/cgi-bin/d95-aeh/get/life?lang=en）にあるすばらしいシミュレータで作ることができる。

（3）ここでは「カオス」という言葉は、昔の辞書に載っているような「偶然が支配する物事の状態」（*Merriam-Webster's Collegiate Dictionary*, 10th ed.）という意味で使った。非線形数学の分野ではこの言葉は、「初期状態のわずかな違いにきわめて敏感な系」（いわゆる「バタフライ効果」）という、もっと狭い意味で使われている。

（4）私が量子セル・オートマトンという概念に初めて感銘を受けたのは、一九九〇年代初めに、サンタフェ研究所でセス・ロイド（現在マサチューセッツ工科大学教授）の講演を聴いたときだった。彼の論文 "A Potentially Realizable Quantum Computer," *Science* 261, September 17, 1993, pp. 1569-71 を参照のこと。

（5）ショアのアルゴリズムについて最も詳しく書かれているのは、ショア自身の論文

"Polynomial-time Algorithms for Prime Factorization and Discrete Logarithms on a Quantum Computer," *SIAM Journal on Computing* 26, no. 5, 1997, pp. 1484-1509 である。この論文は、因数分解の方法を初めて記した一九九四年の論文を手直ししたものだ。私はこの複雑な手順を一段階ずつなるべく明快かつ簡潔に説明しようとしたが、量子コンピュータを使ったフーリエ変換の部分では、少しごまかすしかなかった（私は、アメリカ物理学会製作のTシャツに描かれたシドニー・ハリスの昔の漫画を思い出した。二人の科学者が黒板に向かっている。黒板には難解な数式と、その下に「そして奇跡が起こる」という言葉が書かれている。一人が言った。「この第二段階はもっと詳しく説明すべきだよ」）。

（6） ショアが覚えていたのは、モントリオール大学のダン・シモンの論文 "On the Power of Quantum Computation," *SIAM Journal on Computing* 26, no. 5, 1997, pp. 1474-83 だった。カリフォルニア大学バークレー校のイーサン・ベルンシュタインとウメシュ・ヴァジラニも、同じアイデアを思いついていた。

第6章 公開鍵暗号を破る

（1） これについては、サイモン・シンの *The Code Book: The Science of Secrecy from Ancient Egypt to Quantum Cryptography*, Anchor Books, 1999, p.23（『暗号解読』［上・下］、青木薫訳、

新潮文庫、二〇〇七年）で明快かつ面白く説明されている。もう一冊お勧めするのが、デヴィッド・カーンの *The Codebreakers* (Scribner, revised edition, 1996)。もっと専門的に書かれた（しかし型破りな）本としては、ブルース・シュナイアーの *Applied Cryptography* がある。

(2) RSAの原型となった重要な方式については説明しなかった。その方式は、ホイットフィールド・ディフィー、マーティン・ヘルマン、ラルフ・マークルが開発したもので、これはモジュラ算術（時計の算数）にもとづいている。RSAには素数の他に時計の算数も使われているが、詳細は本書の目的からは逸脱している。これについては *The Code Book* の中で説明されている。

(3) "Universal Quantum Simulators," *Science* 273, no. 5278, August 23, 1996, pp. 1073-78.

(4) 私のお気に入りの擬似乱数生成機は、ラヴァ・ランプ（粘性の高い液体が中で泡状に上下するランプ）の様子をデジタル化して作動する装置だ。"Connoisseurs of Chaos Offer a Valuable Product: Randomness," by George Johnson, *The New York Times*, June 12, 2001 を参照のこと。

(5) メーカーの名前はidクオンティーク。量子暗号機（第9章）をはじめとした製品は、http://www.idquantique.com に掲載されている。

(6) グローヴァーの量子検索法については、"Quantum Mechanics Helps in Searching for a Needle in a Haystack," *Physical Review Letters* 79, no. 2, July 14, 1997, pp. 325-28 や "A Fast Quantum Mechanical Algorithm for Database Search," *Proceedings of 28th Annual ACM Symposium on Theory of Computing*, May 1996, pp. 212-19 などいくつかの論文で解説されてい

る。

（7）"A Chess-Playing Machine," *Scientific American*, February 1950, pp. 48-51.

（8）確率は普通、0から1までの値で表される。五分五分なら〇・五（振幅はその平方根で、〇・七一あるいはマイナス〇・七一）、確率一〇〇パーセントは一となる。

（9）実際にはエラー訂正のためにその何倍かのキュビットが必要だ。それについては第8章で説明する。

（10）この言葉は、雑誌《ザ・サイエンシズ》の一九九九年七・八月号にグローヴァーが書いた評判の高い記事からの抜粋だ。ニューヨーク科学財団発行のこの雑誌は受賞歴もあるが、二〇〇一年に休刊した。

（11）http://www.ee.upenn.edu/~jan/eniacproj.html

第7章　実現に向けた挑戦

（1）簡単にできるはずだ。ORゲートの二つの入力にそれぞれ一つずつNOTゲートをつなぎ、三つ目のNOTゲートをORゲートの出力につなげばいい。

（2）素粒子の世界における完全に可逆な反応が、どうして不可逆なマクロの世界を生み出すのか。それは物理学における最大の難問の一つだ。これについては *Fire in the Mind* の中で詳しく書いた。この本のもう一つのテーマは、情報が物質やエネルギーと同様に基本的な存在であるという説についてだ。

（3） R. Landauer, "Irreversibility and Heat Generation in the Computing Process," *IBM Journal of Research and Development* 5, 1961, pp.183-91.

（4） これらのゲートは、エドワード・フレドキンとトマソ・トフォリにちなんで名付けられた。二人は、物理学において情報が重要な役割を果たすと考える著名な理論家だ。それに関して簡潔に面白く説明したものとしては、ロバート・ライトの名著 *Three Scientists and Their Gods: Looking for Meaning in an Age of Information,* Times Books, 1986（『三人の「科学者」と「神」——情報時代に「生の意味」を問う』、野村美紀子訳、どうぶつ社、一九九〇年）がある。絶版になった貴重な本だ。

（5） 次のような文字だ。

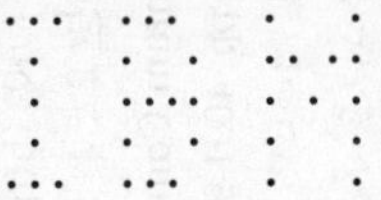

この絵を含めた「原子派」の絵画（白金のキャンバス上にCO分子で書いた「一酸化炭素人

間」や、銅の上に鉄原子で書いた「量子の囲い」など）は、ＩＢＭのＳＴＭギャラリーで見ることができる（http://www.almaden.ibm.com/vis/stm/gallery.html）。ＳＴＭとは、原子を並べるのに使われた「走査トンネル顕微鏡」の略。

（6） "Quantum Computations with Cold Trapped Ions," *Physical Review Letters* 74, no. 20, May 15, 1995, pp. 4091-94.

（7） 正確に言うと、原子が低エネルギーモードで振動しているか、あるいは高エネルギーモードで振動しているかによって、0と1を表現する。

（8） http://www.bldrdoc.gov/timefreq/ion/index.htm

（9） スティーヴン・ホーキングは、「シュレーディンガーの猫の話を聞いたとき、私は銃に手を伸ばした」と言っている。私も時々同じ衝動に襲われることがあるが、ここではあえてこの話を紹介した。昔話と同様この話にも、さまざまな仕掛けを使った変わり種がたくさんある。しかしどれも言いたいことは同じだ。量子の世界と古典的世界では物事の仕組みが違う、ということである。

（10） デコヒーレンスについては、デヴィッド・リンドリーが *Where Does the Weirdness Go?* の中で見事に説明している。

（11） C. Monroe, D. M. Meekhof, B. E. King, and D. J. Wineland, "A Schrödinger Cat Superposition State of an Atom," *Science* 272, May 24, 1996, pp. 1131-36. 実際にはこの論文は、イオントラップ実験より後に出版された。私がこの実験を最初に紹介したのは、理解しやすくするためだ。

(12) C. Monroe, D. M. Meekhof, B. E. King, W. M. Itano, and D. J. Wineland, "Demonstration of a Fundamental Quantum Logic Gate," *Physical Review Letters* 75, no. 25, December 18, 1995, pp. 4714-17.

(13) 細部に引っかかって話の本筋から足を踏みはずさないようにするには、この言い方はとても便利だ。詳細を知りたい場合は、一つ前の注の論文を参照のこと。

(14) 一つの方法(ここで紹介したものとは少し違うが)は、D. Kielpinski, C. R. Monroe, and D. J. Wineland, "Architecture for a Large-Scale Ion-Trap Quantum Computer," *Nature* 417, no. 6890, June 13, 2002, pp. 709-11 に記されている。

第8章 「重ね合わせ状態の崩壊」に立ち向かう

(1) このカリフォルニア工科大学とパリ高等師範学校の研究室はそれぞれ、ジェフリー・キンブル (http://www.its.caltech.edu/~qoptics) とセルジュ・アロシュ (http://www.lkb.ens.fr/recherche/qedcav/english/englishframes.html) が率いている。この研究に関する初期の論文としては、Q. A. Turchette, C. J. Hood, W. Lange, H. Mabuchi, and H. J. Kimble, "Measurement of Conditional Phase Shifts for Quantum Logic," *Physical Review Letters* 75, no. 25, December 18, 1995, pp. 4710-13 (先に紹介したモンローとワインランドの論文と並んで掲載された) や、P.

Domokos, J. M. Raimond, M. Brune, and S. Haroche, "Simple Cavity-QED Two Bit Quantum Logic Gate: The Principle and Expected Performances," *Physical Review* A 52, November 1995, pp. 3554-59がある。

（2）これを命名したのは、カリフォルニア工科大学のジェフリー・キンブルだ（アルトゥール・エカートによれば、この言葉でキンブルが本当に表現したかったのは、共振空洞でなく何もない空間の中を飛んでいく光子だったそうだ）。

（3）アロシュの論文から抜粋する。「ここではファブリ＝ペロー型の共振空洞とガウシアン型の横分布を持つビーム（幅 $w = 5.96$ mm）を考える。この共振空洞の1ミリ秒から30ミリ秒における場のエネルギーのダンピング時間の実験値 t_{cav} は……。より正確に言うと、周波数 $\omega_0/2\pi = 51.099$ GHz における $|e\rangle \rightarrow |g\rangle$ 遷移は周波数 $\omega/2\pi$ の共振モードと四重共鳴する……」。

（4）普通の炭素原子は陽子と中性子を計一二個（偶数個）持っている。そこで彼らは、全体でスピンを持つ炭素13（中性子が一個多い同位体）を使った。

（5）L. M. K. Vandersypen, M. Steffen, M. H. Sherwood, C. S. Yannoni, G. Breyta, and I. L. Chuang, "Implementation of a Three-Quantum-Bit Search Algorithm," *Applied Physics Letters* 76, no. 5, January 31, 2000, pp. 646-48と、同著者の"Experimental Realization of Shor's Quantum Factoring Algorithm Using Nuclear Magnetic Resonance," *Nature* 414, no. 6866, December 20/27, 2001, pp. 883-87.

(6) G. Burkard, D. Loss, and D. P. DiVincenzo, "Coupled Quantum Dots as Quantum Gates," *Physical Review* B 59, no. 3, January 15, 1999, pp. 270-74. 他に可能な固体量子コンピュータの設計法については、David DiVincenzo, "Real and Realistic Quantum Computers," *Nature* 393, no. 6681, May 14, 1998, pp. 113-14を参照のこと。ちなみに、キュビットは必ずしも一個の粒子で作る必要はない。リング状の超伝導電流も、適切な条件下では時計回りと反時計回りを重ね合わせた状態を取りうる。セス・ロイドによれば、この方法を使った制御ＮＯＴゲートがもうすぐ実現するそうだ。

(7) 彼の名前はフィル・プラッツマン。P. M. Platzman and M. I. Dykman, "Quantum Computing with Electrons Floating on Liquid Helium," *Science* 284, no. 5422, June 18, 1999, pp. 1967-69を参照のこと。

(8) A. Berthiaume, D. Deutsch, and R. Jozsa, "The Stabilisation of Quantum Computations," in *Proceedings of the Workshop on Physics and Computation*, PhysComp 94, IEEE Computer Society, Los Alamitos, Calif., 1994, pp. 60-62.

(9) 彼らの研究結果はそれぞれ別の論文にまとめられている。P. W. Shor, "Scheme for Reducing Decoherence in Quantum Computer Memory," *Physical Review* A 52, no. 4, October 1995, pp. 2493-96とAndrew Steane, "Error Correcting Codes in Quantum Theory," *Physical Review Letters* 77, no. 5, 1996, pp. 793-97.

(10) http://www.theory.caltech.edu/~quic/errors.htmlを参照のこと。

(11) E. Knill, R. Laflamme, R. Martinez, and C. Negrevergne, "Benchmarking Quantum Computers: The Five-Qubit Error Correcting Code," *Physical Review Letters* 86, no. 25, June 18, 2001, pp. 5811-14.

第9章 絶対堅牢な暗号「量子暗号」

(1) 専門用語では「ワン・タイム・パッド」(一回かぎりのメモ)と言う。一回使った鍵は破り捨てるということだ。

(2) スティーヴン・ウィースナーが一九七〇年ごろに書いた量子紙幣に関する論文は、大きく遅れて"Conjugate Coding," *SIGACT News* 15, no. 1, 1983, pp. 78-88 として出版された。

(3) "Quantum Cryptography: Public Key Distribution and Coin Tossing," in *Proceedings of IEEE International Conference on Computers Systems and Signal Processing*, Bangalore, India, December 1984, pp. 175-79.

(4) パリティー・チェックを使えばもっと効率よくエラー検知ができる。C. H. Bennett, G. Brassard, and A. K. Ekert, "Quantum Cryptography," *Scientific American*, October 1992, pp. 50-57 を参照のこと。

(5) 第6章で紹介した量子乱数生成機を作ったのと同じメーカー。

(6) W. T. Buttler, R. J. Hughes, S. K. Lamoreaux, G. L. Morgan, J. E. Nordholt, and C. G. Peterson, "Daylight Quantum Key Distribution Over 1.6 km," *Physical Review Letters* 84, no. 24, June 12, 2000, pp. 5652-55.

(7) これは「ビーム・スプリッター攻撃」と呼ばれている。

(8) 逆に、光が強すぎてそこにたくさんの光子が含まれていると、各パルスは古典的情報のように振る舞い、壊すことなしにコピーできてしまう。ジル・ブラッサールによれば、弱いパルスにはおそらく平均で一〇分の一個の光子が含まれているという。私にはちょっと理解できない。彼の説明によれば、一〇回のパルスのうち九回は空で、残り一回に一個の光子が含まれている。そして一〇〇回のパルスのうち一回程度には、二個以上の光子が含まれているそうだ。

(9) "Quantum Cryptography Based on Bell's Theorem," *Physical Review Letters* 67, no. 6, August 5, 1991, pp. 661-63. 実際にはアリスとボブは、〇度対九〇度、三〇度対一二〇度、六〇度対一五〇度という三つの方向を利用する。

(10) 強い量子相関の極端な実例はすでに登場している。二つのフィルターを同じ向き(ずれは〇度)に置くと、ボブの光子が1ならアリスの光子は必ず0になる。言い換えると、二人の測定結果は〇パーセントの確率で一致する。逆にボブがフィルターを水平に持ちアリスが垂直に持ったとすると、二人の測定結果は等しくなり、一〇〇パーセントの確率で一致する。この中間の状態を考えよう。フィルターの向きが三〇度ずれていると、二人の測定結果は四分の三の確率で一致する。これは古典的世界では不可能なほど高い値だ。不思議なことだが、ファインマンが言ったように世の中そういうものなのだ。

(11) C. H. Bennett, G. Brassard, C. Crepeau, R. Jozsa, A. Peres, and W. Wootters, "Teleporting an Unknown Quantum State via Dual Classical and Einstein-Podolsky-Rosen Channels," *Physical Review Letters* 70, no. 13, March 29, 1993, pp. 1895-99.

(12) Z. Yuan, B. E. Kardynal, R. M. Stevenson, A. J. Shields, C. J. Lobo, K. Cooper, N. S. Beattie, D. A. Ritchie, and M. Pepper, "Electrically Driven Single-Photon Source," *Science* 295, no. 5552, January 4, 2002, pp. 102-5.

(13) A. V. Turukhin, V. S. Sudarshanam, M. S. Shahriar, J. A. Musser, B. S. Ham, and P. R. Hemmer, "Observation of Ultraslow and Stored Light Pulses in a Solid," *Physical Review Letters* 88, article no. 023602, January 14, 2002.

第10章　宇宙一の難問――タンパク質折りたたみ・巡回セールスマン・バグ検証

(1) 実はこの言葉は、チャールズ・タンフォードとジャクリーン・レナルズが最近書いた、タンパク質に関する本の題名である (*Nature's Robots*, Oxford University Press, 2002)。

(2) このコンテストは「タンパク質構造予測技術の批判的評価」、英語の頭文字を取ってCASPと呼ばれている。これは一年おきの一二月に、カリフォルニア州パシフィック・グローブ近郊にあるアシロマ会議場で開かれている。さらなる情報は、http://prediction-center.llnl.gov に記されている。

(3) たとえば、Joseph Traub, "On Reality and Models," in *Boundaries and Barriers: On the Limits to Scientific Knowledge*, edited by John Casti and Anders Karlqvist, Addison-Wesley, 1996 を参照のこと。

(4) もっと広い視点から説明しよう。NPとは、解くのが簡単であろうが難しかろうが、とにかく解が正しいことを多項式時間で証明できるような、すべての問題の集合である。この集合には、簡単に解くことのできる問題の集合であるPと、解くのが難しい問題の集合であるNP完全が含まれる。後ほど本文で触れるが、NP完全問題はもう一つ重要な性質を持つ。NP完全問題の一つが多項式時間で解ければ、他のどんなNP完全問題も多項式時間で解ける。

(5) 科学者は計算可能かどうかを理論化するうえで、計算の肝心な部分を引き受けて無から答えを引き出すブラックボックスに、デルフォイの神託に倣って「オラクル(神託装置)」という用語を当てている。この想像上のプロセスを実際のコンピュータ・アルゴリズムで置き換えられれば、問題は解けるということだ。

(6) この想像上の装置は、ソフトウェアに内部的な矛盾がないことは証明できても、そのソフトウェアが完璧であることは保証できない。ゲーデルの不完全性定理によれば、ある論理系が無矛盾かつ完全であることを証明するのは不可能だ。どちらか一方なら証明できるが、両方は無理である。この定理から考えると、バグのないプログラムがプログラマの意図したすべての処理を行なうことはできない。逆に仕様書にあるすべての処理を行なえるプログラムは、必然的に内部的矛盾を抱えることになる。

(7) フェルマーの最終定理とは、「nが2より大きい自然数の場合、$x^n+y^n=z^n$を満たす自然数x、y、zは存在しない」というものだ。この定理はアンドリュー・ジョン・ワイルズによって一九九五年に証明された(“Modular Elliptic Curves and Fermat's Last Theorem,” *Annals of Mathematics* 141, no. 3, 1995, pp. 443-551)。この論文の補遺としてリチャード・テイラーと共著の論文“Ring-Theoretic Properties of Certain Hecke Algebras”が存在するので、実際にはその証明はもっと長い。

(8) デヴィッド・ドイチュはこれを、「新たなモーツァルトを生み出すこと」と呼んだ。Julian Brown, *Minds, Machines, and the Multiverse*, Simon and Schuster, 2000, p.296を参照のこと。

(9) C. H. Bennett, E. Bernstein, G. Brassard, and U. Vazirani, “Strengths and Weaknesses of Quantum Computing,” *SLAM Journal on Computing* 26, no. 5, 1997, pp. 1510-23.

(10) もう一つの理論によれば、タンパク質は「シャペロン(付添人)」と呼ばれる分子に導かれて折りたたむとされている。トラウブは先述の論文の中で、それ以外の可能性を列挙している。コンピュータ生物学者の仮定がまちがっているかもしれないし、計算に関するわれわれのモデル(チューリング・マシン)がまちがっているかもしれない。あるいはタンパク質は問題を「正確に」解く必要はなく、いいかげんな近似解でもまにあうのかもしれない。セールスマンは数学的に正確な日程表がなくても、なんとかやっていけるものだ。

(11) ドイチュは自らの世界観を著書 *The Fabric of Reality : The Science of Parallel Universes— and Its Implications*, Penguin, 1998 (『世界の究極理論は存在するか——多宇宙理論から見た生命、進化、時間』、林一訳、朝日新聞社、一九九九年) の中で説いている。

(12) ドイチュのオックスフォードでの同僚アンドリュー・スティーンの論文を参照のこと (LANL Preprint Archive for Quantum Physics, http://arxiv.org/abs/quant-ph/0003084 から入手可能)。量子力学が持つ計算能力の由来については、今でも論争が続いている。スティーンは一般的な解釈に疑問を抱いて、次のように述べている。「量子コンピュータが量子的重ね合わせによって『数多くの計算を同時に処理』できるのは、非常に限られた条件下だけである。しかもこの言い方は、幾分誤解を生む表現だ」。彼をはじめ何人かは、重ね合わせよりも絡み合いの方が重要な役割を果たすのだと主張している。この問題を深く追いかけていくと、基本的概念の多くがまだ未解決であることを痛感させられる。

結び 九〇億の神の御名

(1) この文章は、一九九七年一月八日にランダウアーが私に送ってきたEメールからの引用である。彼はこうした考えをいくつもの論文で発表している。たとえば "Is Quantum Mechanics Useful?," *Philosophical Transactions of the Royal Society of London* A 353, 1995, pp. 367-76.

（2）Serge Haroche and Jean-Michel Raimond, "Quantum Computing: Dream or Nightmare?," *Physics Today*, August 1996, pp. 51-52.

（3）L. J. Stockmeyer and A. K. Chandra, "Intrinsically Difficult Problems," *Scientific American* 240, May 1979, pp. 140-59; reprinted in *Trends in Computing*, Scientific American, Inc., 1988を参照のこと。

（4）いわゆる停止問題が何を意味するかに関しては、ダグラス・ホフスタッターの古典的著書 *Gödel, Escher, Bach: An Eternal Golden Braid*, Basic Books, 1979（『ゲーデル、エッシャー、バッハ――あるいは不思議の環』、野崎昭弘、はやし・はじめ、柳瀬尚紀訳、白揚社、一九八五年）の中で考察されている。

（5）この物語は、短編集 *The Nine Billion Names of God*, reissued in 1987 by New American Library に収められている（邦訳は『90億の神の御名』、小隅黎訳。『90億の神の御名』「ザ・ベスト・オブ・アーサー・C・クラーク②」、中村融編・朝倉久志他訳、ハヤカワ文庫、二〇〇九年に収録）。

注の注

量子コンピュータに関する論文は、多岐にわたり、しかも急激に数を増しているが、本書ではそのうちわずかしか取り上げられなかった。より深く知りたい読者は、オックスフォード大学量子コンピュータセンターのウェブページ（覚えやすいアドレスはhttp://www.qubit.org）から調べはじめるといい。もっと他のウェブページを紹介することもできたが、このオックスフォードのサイトから膨大なリンクをたどりはじめれば、すぐにインターネットじゅうを渡り歩くことになってしまう。

さらに知りたい読者には、どの程度の数学的知識を持っているかや、どこまで詳しく知りたいかに応じて、さまざまな良書がある。簡単な方から順番に記すと、Gerard J. Milburn, *The Feynman Processor: Quantum Entanglement and the Computing Revolution*, Perseus, 1998（『ファインマン・プロセッサー――夢の量子コンピュータ』、林一訳、岩波書店、二〇〇三年）、Julian Brown, *Minds, Machines, and the Multiverse: The Quest for the Quantum Computer*, Simon and Schuster, 2000, Colin P. Williams and Scott H. Clearwater, *Ultimate Zero and One: Computing at the Quantum Frontier*, Copernicus, 2000. これらの本は参考書としてもかなり役に立つが、中でもジュリアン・ブラウンの本は包括的な解説になっている。この分野におけるバイブルは、Michael A. Nielsen and Isaac L. Chuang, *Quantum Computation and Quantum Information*, Cambridge University Press, 2000（『量子コンピュータと量子通信』［全三巻］、木村達也訳、オーム社、二〇〇四‐二〇〇五年）である。この本の序論、特に量子コンピュータの可能性について述べた部分は、非常に明快かつ示唆に富んでいる。

謝辞

本書をできるだけ正確なものにする上で、次にあげる何人かの科学者や数学者に、原稿の一部分あるいは全体を読んでいただき、助言をいただいた。ジョセフ・トラウブ、セス・ロイド、ロヴ・グローヴァー、バート・セルマン、ウメシュ・ヴァジラニ、デヴィッド・ワインランド、アルトゥール・エカート、マティアス・ステッフェン、ピーター・ショア、ジル・ブラッサール。加えて私は何年にもわたって、次にあげる大勢の研究者に取材や質問をさせていただいた。チャールズ・ベネット、アイザック・チュアン、ジェームズ・クラッチフィールド、デヴィッド・ドイチュ、デヴィッド・ディヴィンチェンゾ、マニー・ニル、レイモンド・ラフラム、ロルフ・ランダウアー、クリストファー・モンロー、フィル・プラッツマン、ジョン・プレスキル、ヴォイチェフ・ズレック。

記述ができるだけ明快になるように、家族や友人や同僚たちの助言を頼りにした。妻ナンシー・マレット、義兄ダグラス・マレット、ティム・パルッカ、ジュリー・プーレン、クリスティーヌ・ケネリー、オルガ・マトゥリン、マーティン・ブロンシュタイン、デボラ・ブルム、ラビヤ・トゥマ、ダナ・ホール、スティーヴン・タリー。加えて二〇〇二年のサンタフェ科学執筆ワークショップの参加者の何人かにも、見識ある意見をいただいた。サラ・ロビンソン、ブリジェット・リグビー、ジョシュ・ウィン。すべての方々に感謝するとともに、名前をあげられなかった方々や本書に残っている誤りについてはお詫びする。

いつもどおり私は執筆中、クノップ社のジョン・シーガルとジョナサン・ケープ社のウィル・サルキンの意気込みに励まされた。私の代理人エスター・ニューバーグは、いつもながら契約交渉を見事にこなしてくれた。私の書いた二・七メガバイトの1と0の列を立派な本に仕上げてくれた、装丁のピーター・アンダーセン、編集のキャスリーン・フリデラ、挿絵のバーバラ・アウリシノには特に感謝する。

本書は、私の父に読んでもらえない初めての本となった。本書を父の思い出に捧げる。

訳者あとがき

　コンピュータは、凄まじい速度で進歩している。わずか十数年ほど前には、家庭用のコンピュータで映画や音楽をリアルに再生することなど、ほとんど夢物語に近かった。しかし現在手に入るごく一般的なパソコンにとって、そんなことは朝飯前の仕事である。この劇的な進歩は、何か原理上の革新によってもたらされたものではなく、集積度と処理速度の絶え間ない向上によって実現したものだ。しかし、近い将来この進歩に大きな壁が立ちはだかることが、すでに明らかになっている。そこで、従来のコンピュータとはまったく異なる原理で動作し、この壁をやすやすと飛び越えてくれるようなコンピュータが、いずれ求められることになる。それが量子コンピュータだ。本書は、将来登場するであろう量子コンピュータとは一体どんなものなのかを、専門知識を持たない読者向けに平易に解説した本である。従来のコンピュータの理論的説明から始め、それと量子コンピュータとの原理的違い、そして量子コンピュータ実現に向けた技術を解説し、次に量子コンピュータと密接に関連した量子暗号の技術を紹介し、最後にコンピュータ科学における未解決問題にまで話は進んでいく。

本書で著者は、難解な概念を理解する上で、自らがたどった過程を垣間見《かいまみ》せることによって、読者の思考を正しい方向へと導き、理解を容易にさせようという戦術を使っている。教科書で用いられるような上意下達的な説明の場合、読者が内容を理解するには、自分の力で思考の道筋を見つけなければならない。しかし、著者自身の思考過程を感じ取れるような文章ならば、読者はその流れに身を委ね、正しい方向性を保ちながら読み進めていくことができる。特に量子コンピュータのような難解な内容の場合、こうした思考の道しるべが与えられているのは、私たち一般の読者にとって非常にありがたいことであろう。

また著者は、最初に大まかな概念を説明し、徐々に詳しい部分を解説していくという方法を取っている。例えば第5章のショアのアルゴリズムに関する説明では、まず波やプリズムの比喩を使ってアルゴリズムの原理を観念的に示し、次に数学を使って具体的な方法を解説していく。しかしあくまでも、複雑な数式を駆使して厳密な議論を展開するのではなく、適切な比喩を織り交ぜながら、正鵠《せいこく》を射た直感的記述を貫いている。はしがきの中で著者も、最初は全体の大まかな様子をつかみ、徐々に細部を見ていくべきだ、と言っている。本書のような一般向け科学書に要求されるのは、厳密な科学的・数学的内容ではなく、その全体像を概念的かつ的確に把握することである。本書はまさにその目的にかなった本に仕上がっていると思う。

著者のジョージ・ジョンソンは、現在《ニューヨーク・タイムズ》紙の科学欄を中心に活躍するサイエンスライターである。小学生のとき、当時のニクソン副大統領に手紙を送ったところ本人から直々に返事をもらい、それが地方の新聞に取り上げられたことをきっかけとしてジャーナリズムに興味を持つようになった。その後、ニューメキシコ大学に在籍中から記者として活躍しはじめ、卒業後ワシントンDCにあるアメリカン大学でジャーナリズムの修士号を取得した。一九九九年には、《ニューヨーク・タイムズ》紙に掲載された記事に対して、米国科学振興協会から科学ジャーナリズム賞を授与された。本書の他に著書が七冊あるが、邦訳された科学書としては、

『人工知能の未来は――AIはいま、どこまで人間らしくなったか』渕一博訳、日

本実業出版社、一九八八年
『記憶のメカニズム——ニューロン・AI・哲学』鈴木晶訳、河出書房新社、一九九五年
『聖なる対称性——不確定性から自己組織化する系へ』長尾力、坂口勝彦、佐々木光俊、月川和雄訳、白揚社、二〇〇〇年
『リーヴィット——宇宙を測る方法』渡辺伸監修、槙原凛訳、WAVE出版、二〇〇七年
『もうひとつの「世界でもっとも美しい10の科学実験」』吉田三知世訳、日経BP社、二〇〇九年

がある。

最後になったが、原稿を丁寧にチェックしていただいた編集者の菊池薫氏と早川書房の伊藤浩氏、そして文庫版の編集作業を進めていただいた早川書房の富川直泰氏に深く感謝申し上げる。

水谷 淳

解説――量子コンピュータ研究の最前線から

北海道大学　電子科学研究所　量子情報フォトニクス研究分野　教授
竹内繁樹

世の中には「難問」と呼ばれる問題がある。政治や国際関係で何十年かかってもまだ解決していない問題、たとえばCO_2排出量抑制が重要視される中で、将来何を主力のエネルギー源とするのかといったことも難しい問題だろう。この文章を読まれている皆さんも、その解決に頭を悩ませる「難問」を身近にお持ちかもしれない。ただ、人間にとっての「難問」は、その事情や立場によって定義は異なるかもしれない。

ところで、コンピュータにとっての「難問」には、きちんとした定義がある。それは、「与えられた入力のサイズに対して、計算の時間が爆発的（指数関数的）に増える問題」というものだ。ふつう、皆さんが計算と聞いて思い浮かぶであろう、四則演算などは、難問ではなく、簡単な問題に分類される。

このコンピュータにとっての「難問」の一つが、因数分解だ。因数分解とは、ある数を与えられたときに、その数がどんな数の掛け合わせになっているかを求める問題だ。例えば、二桁の数である35はどのような数の積か（答えは5と7）はすぐに求められるだろう。しかし、対象となる数の桁数が一つ増えるだけで格段に難しくなる。これは、三桁の数299の因数分解を考えれば実感いただけるだろう。もしもこの桁数が、一万桁に達すると、現在最速のスーパーコンピュータを用いても、一〇〇〇億年という途方もない時間がかかると予測されている。スーパーコンピュータの能力が上昇しても殆んど状況は改善しない事に注意いただきたい。例えば、スピードが一〇〇倍になったとしても、桁数が四桁増えた一万四桁の数に対しては、やはり一〇〇〇億年かかってしまう。つまり因数分解の困難さに対しては、現在のコンピュータは本質的に歯が立たないのである。

ここですこし面白いのは、因数分解の逆プロセスである「掛け算」が簡単な問題だという点だ。たとえば、一〇〇桁の数×一〇〇桁の数の掛け算（答えは一万桁の数）は、根気さえあれば人間にも計算できなくはない。もちろんコンピュータなら一瞬で計算できる。しかし、その逆に、一万桁の数の因数分解は、いかなるスーパーコンピュータでも事実上不可能なのだ。この計算の容易さの一方向性は、暗号技術（公開鍵暗号）に応用されており、皆さんがインターネットで買い物をする際の情報秘匿《ひとく》や、通勤で利用しているICカードの認証など、幅広い分野で利用されている。

ところで、現在のコンピュータは、0と1（オンとオフ）の状態の列を、ある特定の手順にしたがって変換・加工することで動作している。この0か1の値をとる基本単位は「ビット」と呼ばれる。パソコンの心臓であるCPUが六四ビットだという時にでてくるビットと同じものだ。このビットが並んだメモリに対して、ある特定の手続きを繰り返して計算を行うという理論モデルは、発案者の名前から、チューリング機械と呼ばれている。現在のコンピュータは、チューリング機械である。チューリング機械にとって難問である因数分解は、人類にとっても難問であり続ける、と考えられていた。

一九八〇年代、若き大学院生であったデビッド・ドイチュは、この当時の研究状況に素朴な疑問をもった。

「コンピュータの限界を議論する際、なぜ、0か1のどちらかの状態しかとれないビットに基づいたモデルを考えるのだろうか。私たちの世界は、量子力学に基づいている。だとすると、0と1の二つの状態だけでなく、その二つの重ね合わった状態を取れるような、量子ビットに基づいたコンピュータこそ、より基本的なはずだ」

一九八四年にドイチュは「量子コンピュータ」の論文を発表した。論文は、その後の研究展開の多くが予言・内包されたすばらしいものだが、一方で「現在のコンピュータと同じ計算ができる」という一見自明な主張も含まれていたためか、当初は注目されなかったようだ。一九九二年、ドイチュはリチャード・ジョサと共同で、彼らの考案したある特殊な問題が、現在のコンピュータにとっては「難問」であるが、量子コンピュータを用いれば簡単に解ける事を示し、関心を集める。そして、一九九四年、現在の情報化社会のセキュリティの核心を担う因数分解が、量子コンピュータを用いると容易に解けることがピーター・ショアにより証明され、量子コンピュータは一躍注目を集めることになった。

本書は、《ニューヨークタイムズ》紙の科学記者である著者による、量子コンピュータの解説書である。著者は、サイエンスライターとしての立場から、現場の科学者からは一定の距離をとり、「門外漢である自分が新たな科学の進歩をどう捉えたか、それを数学を使わずに比喩を用いて文章の形で一般の人々に伝えること」を目指している。その著者が、「人々が欲しているのは、そうした機械がどのように動作するのかを解説した短い（あくまでも短い）本なんだ。量子コンピュータは絵に描いた餅なのか、あるいはわれわれの知識を根底から変えてしまうのか」という知人からの勧めに従い書かれたものである。

本書は、その著者の心意気がとてもよく伝わる内容である。コンピュータに興味を持っているが、量子力学にはまったく事前知識をお持ちでない読者や、その逆に、量子力学やその不思議な性質には関心があるが、コンピュータの仕組みには詳しくないという読者もいらっしゃるだろう。あるいは、どこかで耳にされた「量子コンピュータ」という言葉が気になって手に取られた方もいるかもしれない。本書はそのいずれの方にも好適な入門書だ。

第1章では、著者が子供の頃、クリスマスプレゼントに願ってもらったジェニアックの電脳マシンキットの話が書かれている。同じように「電子ブロック」と呼ばれる電子おもちゃに夢中だった私は、すぐに引き込まれてしまった。そこで著者は、子供時代の微笑《ほほえ》ましい失敗談を紹介しながらも、「コンピュータとはなにか」という本質を、読者に難なく提示してしまう。この話術の力量には、舌を巻かざるを得なかった。

あらゆる科学に関する記事を《ニューヨークタイムズ》紙に執筆し続けてきたであろう著者の広範な知識と語り口のうまさは、量子コンピュータの仕組みに関する説明はもちろん、その背景をなす、量子力学の不思議な性質の解説（第3章）や、コンピュータにとっての計算の困難さの解説（第10章）でも冴えわたっている。本編をすでに読まれた読者には同意いただけるのではないかと思うが、まだの方にはぜひ堪能いただきたい。

ここですこし、本書が書かれた二〇〇三年以降の量子コンピュータの研究状況について、専門家の立場からご紹介しよう。残念ながら、量子コンピュータはまだ実現していない。しかし本書の第8章に紹介されている、実現に向けたさまざまなアプローチは、その後も着実に進展している。

例えば、イオントラップを用いた量子コンピュータについては、直線上にならべた八個のイオンを量子ビットとして操作し、それらのイオンを量子もつれ合い状態にする実験がオーストリアのインスブルック大により二〇〇五年に行われた。八個の量子ビットは、2の八乗＝二五六個の状態の重ね合わせを取ることができる。このような重ね合わせ状態を正確に「理解」するためには、厳密には六万通り以上におよぶ入力状態と出力状態の組み合わせについて、実験結果を解析する必要がある。インスブルック大の研究者に聞いたところ、その解析にはスーパーコンピュータで二週間かかったそうだ。

超伝導素子を用いた量子ビットについては、日本のNEC・理研グループが先導的な役割を果たしている。二〇〇三年に二つの量子ビット間のゲート操作に成功、現在三量子ビット間のゲート操作の研究が進められている。重ね合わせ状態を維持できる時間についても、二〇〇〇年頃から大幅に延びている。さらに、マイクロ波領域の光子との相互作用の研究も進められている。

我々北大・阪大グループは、これまで光子を量子ビットとして用いる研究を進めてきた。光子は、光をエネルギーの最小単位であり、全ての光はいろいろなエネルギーの光子から構成されている。個々の量子ビット（光子）の状態を正確に制御・測定する技術が現在最も進んでいる。また、真空中や光ファイバ中では、重ね合わせ状態を保持したまま長距離伝送することが可能であり、量子通信との整合性が良い。

私は、前述のドイチュとジョサのアルゴリズムを光子を用いて実現する方法を三菱電機在籍時の一九九五年に提案、科学技術振興機構さきがけ研究の支援により、一九九八年にその実験に成功した。それまで、「（重ね合わせ状態は観測によって破壊されるので）量子コンピュータは、見ているだけで動かないのではないか」といった専門家にもあった誤解を、実際にやってみせることで払拭《ふっしょく》したい、という目標は達成できたと思う。

ただしこの方法は、光子一個が複数の経路と偏光について重ね合わさった状態を用いるため、量子ビットの数が増えると、必要な経路の数が莫大《ばくだい》になるという問題があった。

そこで、北大に移籍後、複数の光子とそれらの間の量子ゲートの実現へと研究を展開、二〇〇五年に二つの光子間の量子ゲートの実現に成功した。これは、たった一つの光子の状態で、別の光子の状態をスイッチする、究極の光スイッチと見ることもできる。

そして二〇〇九年、四個の量子ゲートを組み合わせた光量子回路「量子もつれフィルタ」の実現に成功した。これは、二個の光子の入力に対して、両方ともの光子が垂直偏光、あるいは垂直偏光の状態だけを、その二つの状態間の重ね合わせを保ったまま抜き出す働きをもつ。量子通信への応用が期待されている「量子もつれ光子」の発生や、伝送の間に劣化した量子もつれの再生に利用することができる。本書の中でも、「六石トランジスタラジオ」の話が出てくるが、まさにこの研究は光量子情報処理が、個々の素子(トランジスタ)開発から、それらを組み合わせて機能をもった回路(ラジオ)の研究段階へと移行しつつあることを端的に示していると思う。

理論面での展開の例を挙げよう。ビットの入れ替えや置換を用いる秘密鍵暗号のある種の物は、現在のコンピュータでは解読は困難(指数的に時間がかかる)だが、量子コンピュータを用いると高速に解けてしまうことが、神戸大のグループにより指摘されている。

量子情報技術は、さらにあたらしい展開も見せている。超伝導物質などの新物質の性質を、実際に物を作る前に予測することは大変重要だ。そのために、原子レベルでの物質の構造をコンピュータに与え、複雑な方程式の解を求める必要がある。しかし、一般にその種の計算は、原子の数に対して計算量が爆発的に多くなり、厳密な計算はスーパーコンピュータにもお手上げである。

これに対して、何万もの原子を、光ピンセットと呼ばれる技術で碁盤の目上に整列させ、その原子間の距離を精密に制御・変化させることで、対象とする未知の物質の性質を物理的にシミュレートする「量子シミュレータ」の実験が二〇〇二年に報告されている。すでにスーパーコンピュータの能力を超えたとも言えるこの「量子シミュレータ」は、量子コンピュータの一形態と見ることもできる。さらに、量子光学デバイスの第一人者であるスタンフォード大学の山本喜久教授は、この量子シミュレータを固体デバイスで実現するという野心的な研究に取り組まれている。

また、本書でも紹介されている量子暗号通信は、すでに製品が市販されるに至っている。このように、本書で紹介された量子情報技術の「夢」の一部は、すでに現実のものとなっている。

最後に、最近の関連図書を参考に挙げさせていただこう。本書をお読みになって、量子アルゴリズムのより具体的な働きなどに興味をお持ちになった方には、手前みそながら『量子コンピューター——超並列計算のからくり』(竹内繁樹著、講談社ブルーバックス、二〇〇五年)がある。科学記者の著作である本書に対し、実際に研究を進める立場の専門家による著作という意味で、本書とは相補的な関係にあると感じている。また、本書でも触れられている量子テレポーテーションに関しては、その第一人者による『量子テレポーテーション――瞬間移動は可能なのか？』（古澤明著、講談社ブルーバックス、二〇〇九年）が最近出版された。他に、量子のふしぎな振る舞いと量子情報に関する物として『ようこそ量子――量子コンピュータはなぜ注目されているのか』（根本香絵・池谷瑠絵著、丸善ライブラリー、二〇〇六年）がある。数式を使って専門的に勉強されたい方には、『量子コンピュータの基礎［第2版］』（細谷暁夫著、サイエンス社、二〇〇九年）をまず手に取られるのがよいと思う。

量子コンピュータは、「素粒子が織りなす莫大な数の重ね合わせ状態」という、人類がこれまで手出しできなかった未知の状態を、制御し利用しようとする、全く新しい試みである。アインシュタインとボーアによる実存に関する論争に見られるように、私たちの世界観を根底から変えるような哲学的・基礎研究的な側面と、人々の生活をより安全で豊かなものに変えるという応用的な側面をあわせ持つという、非常に興味深い特徴がある。

本書を通じて、ぜひ実り豊かで大きな可能性を持つ、この科学の一領域に関心を持っていただけることを心から願っている。

二〇〇九年十一月

本書は、二〇〇四年十一月に早川書房より単行本として刊行された作品を文庫化したものです。

〈数理を愉しむ〉シリーズ

チューリングの大聖堂（上・下）

――コンピュータの創造とデジタル世界の到来

Turing's Cathedral

ジョージ・ダイソン

吉田三知世訳

ハヤカワ文庫ＮＦ

チューリングが構想しそれを現実に創りあげたフォン・ノイマン。彼らの実現した「プログラム内蔵型」コンピュータがデジタル宇宙を創成した。開発の舞台である、高等研究所の取材をもとにした、決定版コンピュータ「創世記」。第49回日本翻訳出版文化賞受賞。解説／服部桂

〈数理を愉しむ〉シリーズ

偶然の科学

Everything Is Obvious

ダンカン・ワッツ
青木　創訳

ハヤカワ文庫ＮＦ

世界は直観や常識が意味づけした偽りの物語に満ちている。ビジネスでも政治でもエンターテインメントでも、専門家の予測は当てにできず、歴史は教訓にならない。だが社会と経済の「偶然」のメカニズムを知れば、予測可能な未来が広がる。スモールワールド理論の提唱者がその仕組みに迫る複雑系社会学の決定版。

〈数理を愉しむ〉シリーズ

はじめての現代数学
瀬山士郎

無限集合論からゲーデルの不完全性定理まで現代数学をナビゲートする名著待望の復刊！

素粒子物理学をつくった人びと 上下
ロバート・P・クリース&チャールズ・C・マン／鎮目恭夫ほか訳

ファインマンから南部まで、錚々たるノーベル賞学者たちの肉声で綴る決定版物理学史。

異端の数ゼロ
―数学・物理学が恐れるもっとも危険な概念

チャールズ・サイフェ／林大訳

人類史を揺さぶり続けた魔の数字「ゼロ」。その歴史と魅力を、スリリングに説き語る。

歴史は「べき乗則」で動く
―種の絶滅から戦争までを読み解く複雑系科学

マーク・ブキャナン／水谷淳訳

混沌たる世界を読み解く複雑系物理の基本を判りやすく解説！（『歴史の方程式』改題）

リスク・リテラシーが身につく統計的思考法
―初歩からベイズ推定まで

ゲルト・ギーゲレンツァー／吉田利子訳

あなたの受けた検査や診断はどこまで正しいか？ 数字に騙されないための統計学入門。

ハヤカワ文庫

〈数理を愉しむ〉シリーズ

美の幾何学
——天のたくらみ、人のたくみ
伏見康治・安野光雅・中村義作

自然の事物から紋様、建築まで、美を支える数学的原則を図版満載、鼎談形式で語る名作

$E=mc^2$
——世界一有名な方程式の「伝記」
デイヴィッド・ボダニス／伊藤文英・高橋知子・吉田三知世訳

世界を変えたアインシュタイン方程式の意味と来歴を、伝記風に説き語るユニークな名作

数学と算数の遠近法
——方眼紙を見れば線形代数がわかる
瀬山士郎

方眼紙や食塩水の濃度など、算数で必ず扱うアイテムを通じ高等数学を身近に考える名著

ポアンカレ予想
——世紀の謎を掛けた数学者、解き明かした数学者
G・G・スピーロ／永瀬輝男・志摩亜希子監修／鍛原多惠子ほか訳

現代数学に革新をもたらした世紀の難問が解かれるまでを、数学者群像を交えて描く傑作

黄金比はすべてを美しくするか？
——最も謎めいた「比率」をめぐる数学物語
マリオ・リヴィオ／斉藤隆央訳

芸術作品以外にも自然の事物や株式市場にまで登場する魅惑の数を語る、決定版数学読本

ハヤカワ文庫

訳者略歴　翻訳家　東京大学理学部卒　主な訳書にブキャナン『歴史は「べき乗則」で動く』，ハリス『ゲノム革命—ヒト起源の真実—』，フランク『時間と宇宙のすべて』，アクゼル『宇宙創造の一瞬をつくる』，モファット『重力の再発見』（以上早川書房刊）など多数

HM=Hayakawa Mystery
SF=Science Fiction
JA=Japanese Author
NV=Novel
NF=Nonfiction
FT=Fantasy

〈数理を愉しむ〉シリーズ

量子《りょうし》コンピュータとは何《なに》か

〈NF361〉

二〇〇九年十二月十五日　発行
二〇一八年三月二十五日　五刷
（定価はカバーに表示してあります）

著者　ジョージ・ジョンソン
訳者　水《みず》谷《たに》淳《じゅん》

発行者　早川　浩
発行所　株式会社　早川書房
郵便番号　一〇一 - 〇〇四六
東京都千代田区神田多町二ノ二
電話　〇三 - 三二五二 - 三一一一（大代表）
振替　〇〇一六〇 - 三 - 四七七九九
http://www.hayakawa-online.co.jp

乱丁・落丁本は小社制作部宛お送り下さい。
送料小社負担にてお取りかえいたします。

印刷・株式会社亨有堂印刷所　製本・株式会社フォーネット社
Printed and bound in Japan
ISBN978-4-15-050361-1 C0142

本書のコピー、スキャン、デジタル化等の無断複製は著作権法上の例外を除き禁じられています。

本書は活字が大きく読みやすい〈トールサイズ〉です。